U0161772

本书得到国家自然科学基金青年项目（项目号：71601098），南京审计大学国家一流本科专业物流管理建设和江苏省一流本科专业物流管理建设项目的资助

供应链视角下产品线
设计决策分析

GONGYINGLIAN

Shijiao xia Chanpinxian

Sheji Juece Fenxi

许甜甜　◎著

中国财经出版传媒集团

经济科学出版社

Economic Science Press

图书在版编目（CIP）数据

供应链视角下产品线设计决策分析/许甜甜著．－－
北京：经济科学出版社，2022. 11
ISBN 978 - 7 - 5218 - 4358 - 3

Ⅰ.①供⋯　Ⅱ.①许⋯　Ⅲ.①产品设计－研究　Ⅳ.
①TB472

中国版本图书馆 CIP 数据核字（2022）第 223685 号

责任编辑：李　雪
责任校对：王肖楠
责任印制：邱　天

供应链视角下产品线设计决策分析

许甜甜　著

经济科学出版社出版、发行　新华书店经销

社址：北京市海淀区阜成路甲 28 号　邮编：100142

总编部电话：010 - 88191217　发行部电话：010 - 88191522

网址：www. esp. com. cn

电子邮箱：esp@ esp. com. cn

天猫网店：经济科学出版社旗舰店

网址：http：//jjkxcbs. tmall. com

北京时捷印刷有限公司印装

710 × 1000　16 开　13.5 印张　156000 字

2022 年 11 月第 1 版　2022 年 11 月第 1 次印刷

ISBN 978 - 7 - 5218 - 4358 - 3　定价：60.00 元

前　言

　　为了更好地满足不同消费者的购物需求，很多企业选择通过产品线的方式向市场销售差异化产品。良好的产品线设计能够帮助企业提高产品供给和需求之间的匹配程度，从而增加企业的销售利润，提高企业的竞争优势。然而，复杂多变的经济环境中，企业决策受到多种因素的共同作用；加之，产品线上产品之间存在一定的替代性，使得产品线设计决策复杂度增加。如何设计能够满足市场需求的产品线，受到了理论研究者和实践者的共同关注。本书综合分析市场因素和成本因素对产品线设计主要决策的影响，并从供应链的角度探索参与人决策之间的相互作用关系对产品线设计策略的影响，进而给出设计合理产品线的管理暗示。本书的具体研究内容和研究结果如下。

　　第一，分别对企业宏观和微观经营环境进行分析，指出企业经营过程中所面临的机遇和挑战。消费者购买行为由五个部分构成，其购买决策受主观因素和客观因素的共同作用；与此同时，产品生产受企业资源约束，增加产品生产过程中可能存在的协同性能够提高企业资源利用效率。为了更好地利用有限的资源为消费者提供产品或者服务，本书提出了产品线设计决策的四个主要方面，并强调了重视决策变量之间相互关系的重要性。

第二，产品线扩张能够帮助企业更好地满足消费者需求，但同时也增加了企业经营过程中的不确定性。风险规避型参与人面对不确定性经营环境，会产生风险成本，这将直接影响企业的产品线设计决策。本书通过建立制造商为领导者、零售商为跟随者的斯坦伯格博弈模型，分析了存在风险成本的情况下制造商的产品线扩张决策。通过模型的求解和分析，得出了制造商的均衡解和产品线扩张的条件，并分析了产品之间替代系数和参与人风险厌恶程度对产品线扩张区间大小的影响情况。通过与制造商采用集中渠道情况进行对比发现，风险因素能够弱化分散供应链中的双边际效应。最后，产品质量改善水平的内生化能够提高制造商的产品线扩张动机。

第三，研究了市场中存在第三方竞争者时制造商的产品线设计决策。企业决策时不仅要考虑自身产品线上产品的竞争问题，也必须考虑来自企业外部的产品竞争。为了研究竞争对产品线扩张决策的影响，本书比较了生产市场中存在竞争者和不存在竞争者两种情况下，原始设备制造商（original equipment manufacturer，OEM）的利润水平，得到不同情况下 OEM 的产品线扩张区间。研究表明，为了减少外部再制造产品对新产品的市场挤兑效应，OEM 的产品线扩张动机会随着产品之间替代系数的增加而增加。通过与集中渠道中的情况对比发现，制造商在集中化渠道中有更强的动机扩张产品线，潜在的市场竞争也能提高 OEM 的产品线扩张动机。

第四，制造商生产多产品过程中采用共同组件虽然能够降低运营成本，然而也会弱化产品之间的差异化程度，从而影响产品线上产品的最终需求。本书在单个零部件供应商、单个制造商构成的供应链中，通过建立供应商为领导者、制造商为跟随者的博弈模型，分析供应商的零部件定价策略，以引导制造商采用能够使得供应商利润最大化的共同组件策略。研究表明，低质量的共同组件策略对零部件供应商是不利的；当低质量零部件质量水平低且高质量零部件单位生产成本高时，供应商可以通过提高低质量零部件的批发价格，同时，降低高质量零部件的批发价格以引导制造商采用高质量共同组件策略。此外，本书还通过改变参与人的博弈顺序以分析强势制造商的共同组件策略对供应商决策的影响情况，研究表明，制造商会选择低质量的共同组件策略，且供应链中存在先动优势。

第五，零售商也可以引入自有品牌产品以扩张产品线，面对潜在的市场竞争，制造商可以通过产品创新来提高市场竞争力。本书在一个制造商和一个零售商构成的供应链中，建立博弈模型，分析纵向企业间产品竞争与制造商创新决策的相互作用。研究发现，引入自有品牌产品后零售商的市场总需求不受制造商创新决策的影响。当且仅当制造商具有成本优势时，创新投入才会随着自有品牌产品的引入而增加，其利润水平也会随之增加，因此供应链中存在帕累托改进区间。此外，当自有品牌产品质量水平提升时，具有成本优势的创新型制造商利润水平也会随之提高。当制造商生产成本具有较大优势或者劣势时，零售商引入自有品牌均可以大幅改善自身利润水平。

CONTENTS 目录

第1章 绪论 ……………………………………………… 1

1.1 研究背景和意义 ………………………………… 1

1.2 国内外研究现状 ………………………………… 10

1.3 结构与研究内容 ………………………………… 38

1.4 研究方法和技术路线 …………………………… 42

1.5 可能的创新点 …………………………………… 43

第2章 供需视角下产品线设计决策 ……………… 46

2.1 问题背景 ………………………………………… 46

2.2 企业经营环境分析 ……………………………… 48

2.3 分析消费者市场 ………………………………… 51

2.4 产品线设计主要决策分析 ……………………… 55

2.5 本章小结 ………………………………………… 61

第 3 章　考虑参与人风险偏好的产品线扩张决策······ 63

　3.1　问题背景 ··· 63

　3.2　基本模型 ··· 67

　3.3　均衡结果分析 ·· 72

　3.4　集中情况下的产品线决策 ························· 84

　3.5　产品线中的质量决策 ······························· 87

　3.6　本章小结 ··· 91

第 4 章　存在竞争者时 OEM 产品线扩张决策······ 93

　4.1　问题背景 ··· 93

　4.2　基本模型 ··· 96

　4.3　均衡结果分析 ·· 100

　4.4　集中情况下 OEM 产品线决策 ·············· 111

　4.5　OEM 为废旧产品供应商 ······················ 114

　4.6　本章小结 ··· 117

第 5 章　产品线组件结构设计策略 ················· 119

　5.1　问题背景 ··· 119

　5.2　基本模型（批发价格优先） ·················· 121

　5.3　均衡结果分析 ·· 125

　5.4　共同组件策略优先情况下均衡解 ··········· 139

　5.5　本章小结 ··· 144

第 6 章　零售商自有品牌与品牌制造商创新
决策研究 ································ 146

6.1　问题背景 ······························ 146

6.2　基本模型 ······························ 149

6.3　均衡解分析 ···························· 152

6.4　数值分析 ······························ 162

6.5　自有品牌产品单位生产成本不为零 ········ 165

6.6　本章小结 ······························ 166

第 7 章　结论与展望 ······················ 168

7.1　主要研究结论 ·························· 168

7.2　后续研究展望 ·························· 172

参考文献 ·································· 175

后记 ···································· 206

第1章 绪 论

1.1 研究背景和意义

1.1.1 研究背景

在经济全球化背景下，企业之间竞争程度不断加剧。为了在竞争中取胜，企业向市场中推出不同种类产品，以扩大产品的市场份额。产品供应数量和种类的不断增加使得消费者在市场中处于主导地位，企业只有更好地满足消费者的购买需求，才能获得竞争优势。目前，产品销售市场中，消费者数量众多，且消费者在年龄、品位、收入水平和受教育等方面存在不同程度的差异性。越来越多的企业意识到，单一的产品和服务已经不能满足消费者多样化、个性化的市场需求，给消费者提供差异化的产品势在必行。很多企业通过产品线的方式为消费者提供差异化产品或服务。例如，飒拉（ZARA）通过快速更新产品线中的产品给消费者更多的选择，以提高消费者的满意度。百果园通过产品和服务的差异化来满足不同用户需求,扩大市场份额,其中,产品方面,按照质量水平不同分为招牌、A、B、C四个等级;服务方面,给会员提供优惠价格,开展消费返现和积分兑换活动等。

产品线由一系列具有相关性的产品构成,它们具有相似的功能但同时也维持各自独特的特性,能够满足市场中相似的消费者群体的需求。例如,联想把消费者市场划分成个人及家庭用户、成长型企业及大型企业三个主要的细分市场,针对不同消费者细分市场需求提供不同系列的产品线。其中,个人及家庭电脑偏重娱乐和潮流;为成长型企业提供的扬天系列其主要优势在于超值实用;为政府和大型企业提供的昭阳和启天系列则侧重于卓越的服务和稳健的品质。又如长安汽车为消费者提供乘用车、商用车和轻型车三大产品线,每条产品线由不同的系列构成,其中,乘用车分为轿车和SUV两类。针对市场中高、中、低端不同客户的要求,SUV又包括CS75、CS35和CX20三种质量水平的产品;每种型号由多种颜色产品构成,以满足同一类型消费者对产品外观的不同偏好。多样化产品能够帮助企业吸引更多的消费者,满足不同消费者的购物需要,从而增加整体销售额。然而,企业生产过程同样也受产能、生产工艺等多种因素的制约,因此所提供的产品或者服务通常不能满足市场中所有消费者的需要。合理的产品线设计不仅能够使企业满足多样性消费者的需求,提高企业的品牌认知度、核心竞争力,同时还能够使企业更加有效地利用其产能。

企业产品线设计过程中最核心的问题是提高产品市场需求和企业供应能力之间的匹配性。消费者是企业的最终服务对象,其购买行为决策决定了产品线的最终构成。产品线设计之前需要对产品销售市场和影响消费者购买决策的主要因素进行深入分析。全球化市场中，虽然企业面临巨大的市场潜力和发展空间，然而，盲目地提高产品多样化程度并不意味着企业利润的增加（Quelch & Kenny，1995），若企业提供的产品不能满足消费者的需求，会导致惨淡的新产品销售状况。在制冷空调行业，随着消费者生活水平提升，环保意识不断增强，且对生鲜产品的健康保鲜要求越来越高，智能化、节能环保、健康保鲜等逐渐成为消费者考虑的重要因素。在此环境下，企业在新一代产品设计中应对绿色、低碳和智能等相关模块进行升级。若企业故步自封，执着于提供传统机型，只会使得产品在市场中无人问津，浪费企业的生产能力。在手机市场中，诺基亚是功能机时代的王者，曾长时间占据市场中的主导地位。然而，在智能手机时代，诺基亚依然致力于功能机市场。虽然，新一代产品中诺基亚为了迎合当代消费者的使用习惯，增加了快捷支付、支持咪咕等软件。但相比于华为和苹果公司的新产品，诺基亚的新品在电商平台上的表现依然欠佳。为了提高企业产品和市场需求之间的匹配程度，对企业经营环境和消费者市场进行深入的分析，选取具有一定规模和成长空间的消费者市场，并考虑消费者对产品特性的偏好十分必要。

企业产品线设计决策包括产品线上产品线长度（差异化程度）、价格、质量水平和销售渠道等。其中，产品线上产品差异化程度取决于产品线上产品多样性给企业带来的收益和成本之间的权衡。产品线扩张给不同消费者提供更多购物选择，扩大了企业的市场份额；同时，也增加了企业经营难度，相应地产生了一系列的扩张成本。首先，产品线扩张需要更加丰富的产能和生产工艺作为支撑，产能投入增加了企业成本。其次，新产品的推出会对产品线上已有产品产生市场挤兑效应，影响使原有产品的盈利水平。最后，产品线扩张增加了企业运营过程中的不确定性，包括新产品是否能够赢得消费者青睐以及新产品对原有产品市场需求带来的波动，增加了企业经营过程中的风险成本。产品线上产品的定位包括产品质量水平、价格水平等，这些因素交互作用直接影响消费者的购买行为和产品的市场需求，并最终影响到企业的利润水平。通过合理的产品线设计，企业可以更好地为目标消费者提供产品或者服务，从而达到优化利润的目的。分析产品线设计相关因素之间相互作用关系，优化产品线设计是本书要解决的核心问题。

企业的成功运作依赖供应链上成员之间的相互协调与合作，产品线设计决策受到供应链环境中其他决策主体的影响。当今社会，大部分企业专注于核心技术和产能的开发，通过利用供应链上其他成员的竞争优势来完成产品的全部生产，进而把产品传递到消费者手中。产品制造商与供应链环境中其他的决策主体之间存在着相互作用关系。上游供应商提供产品生产所需要的原材料，原材料的可达性直接影响产品的生产，对产品的价值传递有非常重要的作用。另外，零部件的批发价格变动也将直接影响最终产品的销售价格和市场需求量。多产品情况下，产品的多样性和零售价格会影响产品的市场需求；产品市场需求的变动又会反过来影响供应商的定价和盈利水平。对于产品零售商而言，由于直接接触消费者，因而具有更加成熟的销售渠道，因此，一些制造商选择通过零售商销售产品。此时，制造商提高产品的多样性程度可以使得零售商更好地满足消费者的需求，从而提高竞争力。市场中存在多个零售商时，零售商持有产品种类越多，消费者从该零售商处获得的效用越高（Rajagopalan & Xia，2012）。然而，提供多样化产品过程中，制造商承担着更多的多样性成本。在分散供应链中，参与人独立作出决策，每个参与人都有各自的经营目标，因此，供应链中存在双边际效应，使供应链整体的盈利能力受损。大部分关于供应链中决策主体之间冲突的文献多基于单个产品，并在此基础上得出了一些经典的结论。企业提供多个产品时，供应链中存在一些新的问题，在供应链的背景下研究供应链中决策主体之间的交互作用，以及多样性和决策者冲突之间的相互作用是本书关注的重点。

产品线上产品之间的相互作用关系是企业关注的核心问题，产品制造商做产品线扩张决策时会因为新产品对老产品产生的市场挤兑作用而变得更加谨慎。然而，企业销售产品过程中会受到竞争者的影响。由于竞争企业在共同的市场上给消费者提供相同核心价值的产品，竞争者的生产策略直接影响到企业的市场份额和销售利润，使产品市场环境变得更加复杂。因此，企业通过产品线来销售产品时，不仅要关注企业内部产品之间的竞争，更要关注来自企业外部的竞争。第三方再制造商的出现是此类问题中具有代表性的一种。随着科技的飞速发展，产品的更新速度变快、生命周期变短，如何处理废旧产品并降低其对环境的破坏，引起了社会各界的广泛关注。为了建设一个环境友好型的社会，政府大力推进再制造业的发展。目前，我国大型制造业公司，如徐工集团和三一重工都面临是否通过再制造产品以扩张其产品线的问题。虽然，再制造是一种低成本的扩张方式，但是引入再制造产品会对企业新产品的市场销售状况产生影响。然而，若品牌制造商不进行再制造以扩张产品线，市场中竞争的第三方企业可以进入市场进行回收再制造，从而对品牌制造商的新产品产生市场挤兑效应。来自潜在竞争者的市场进入威胁使得企业产品线设计更加复杂，企业不仅要致力于研发产品，制定运营决策，还要观察竞争者的决策，从而做出更加合理的产品线设计决策，提高企业经营绩效。

零售商运营过程中也时常面临产品线设计问题，保持产品线上合理的产品构成，既能满足潜在消费者的需求，同时又能使其运营成本维持在恰当的水平（Pan，2019；Alibeiki et al.，2020）。近年来，越来越多的零售商通过引入自有品牌产品来满足消费者的差异化需求，自有品牌产品的销售占比持续提高。根据中国连锁经营协会发布的《连锁超市经营情况报告（2021）》可知，2020年，百强零售型企业平均拥有的自有品牌商品近900个。沃尔玛中国有惠宜、沃集鲜和乔治（George）三大自有品牌产品，其中，惠宜主要涉及食品和日用品等顾客日常需求最多、消费最多的品类。零售商引入自有品牌产品使得制造商面临更多的竞争压力，产品的销售市场也面临着被挤压的风险。对于零售商而言，销售制造商品牌产品也是其重要的收入来源，因此，要权衡引入自有品牌产品的利弊，做出产品线设计相关决策的调整。供应链环境中，原始设备制造商要采取相应的措施应对来自零售商自有品牌产品的竞争（Karray & Martín - Herrán，2018）。制造商可以进行创新来降低产品的生产成本，以提高产品的市场竞争力。引入自有品牌后，零售商和制造商之间的相互作用关系变得更加复杂。零售商既通过销售制造商产品获取销售收益，又提供竞争性的产品。因此，分析零售商如何设计产品线以均衡自有品牌和制造商品牌的销售，以及制造商创新是否可以改善供应链的整体收益是本书关注的重要问题。

随着消费者需求多样化程度的提高以及生产技术水平的进步，提供多样性产品已经成为很多产业中的常态，产品线设计也逐渐成为企业的重要决策。多种产品之间的相互作用关系增加了企业决策的难度，使得产品供给和需求之间匹配更难；多样化产品之间的竞争关系也使得供应链中决策主体之间的相互作用关系变得更加复杂。因此，从供应链的视角分析产品线设计决策十分有必要，问题的复杂性也对供应链管理提出了更高的要求，是管理科学界的研究热点和前沿问题之一。本文，在对企业经营实践和研究现状进行简单分析基础上，针对现实生活中的相关问题，利用博弈论的方法，重点在供应链环境中对产品线差异化程度、质量、定价以及销售渠道等决策进行深入的理论研究，以探讨产品线设计的相关决策受市场因素、运营因素以及供应链中相关决策主体之间相互作用的影响情况，为企业决策提供科学的管理启示。

1.1.2 研究意义

产品或服务是企业满足消费者需求的重要内容之一。在需求多样化的背景下，通过产品线的形式生产和销售产品已经渐渐成为主流趋势。企业的产品线设计是一项复杂的决策，受企业经营环境中多种因素的共同影响，并依赖企业职能部门和供应链上相关企业之间的相互配合。在供应链视角下研究产品线的设计问题是对现有产品线设计研究的重要补充，具有一定的理论价值和实践意义。

第一，满足消费者的需求是产品线设计的核心，因此，合理的产品线设计基于对消费者市场的深入分析。分析目标消费群体的需求和购买行为，从而设计、生产符合消费者需要的产品，并高效地把产品传递到消费者手中是企业面临的关键问题。消费者购买决策受多种因素共同影响，使得企业产品需求预测难度加大。消费者对零部件质量水平的评价，对产成品质量的感知会导致不同的效用，最终产生不同的购买决策。面对不同的消费者，企业是否要扩张产品线？本书基于已有的消费者效用理论，在不同的经营环境中，模拟消费者购买产品的效用函数，分析影响消费者购买行为的关键因素对产品线设计的影响。

第二，动态的经营环境中，企业面对多种不确定性，新产品投放市场时的需求不确定性增强，使得企业面临更大的经营风险。产品线扩张过程中需要支付新的技术成本，面对相同的环境，不同参与人会做出不同的决策。在不确定的环境中，风险厌恶型参与人会产生一部分风险成本，该部分成本的增加是否会影响产品线的扩张决策，又对产品的销售价格有何种影响？供应链环境中，相关决策主体的风险厌恶系数又会对核心企业决策产生哪些影响？本书考虑供应链中产品制造商和零售商均为风险厌恶情况下产品线的扩张决策，分析风险厌恶系数对产品线长度、定价和质量的影响，不仅丰富了产品线设计的理论研究，对现实的企业决策也有更深一步的理论指导意义。

第三，竞争是影响企业经营决策的重要因素，只有当企业提供的产品能够比竞争者更好地满足消费者需求时，企业才能够在竞争中获利。产品线上产品之间本身具有替代性，来自外部企业产品的竞争进一步增加产品需求的波动性，使得企业的产品线策略变得更加复杂。为了更好地促进绿色可持续发展，再制造问题在现实生活中不断深化，因此，在再制造背景中，研究来自外部的竞争对产品线长度和定价的影响情况具有深远的意义；本书同时分析了企业是否能够通过掌握废旧产品回收渠道，缓解竞争所带来的影响。在国家积极推动"碳达峰、碳中和"战略的背景下，这一研究对再制造的实践有现实的指导意义。

第四，产品线设计过程中是否采用共同组件是制造商面临的一个重要决策。现实生活中，产品制造商多依赖上游供应商提供关键原材料和零部件，从而完成最终产品的生产。上游供应商零部件的批发价格决策直接影响制造商的产品线设计策略；面对制造商可能会采用的不同产品线策略，供应商如何制定批发价格以最大化自己的利润也是重要的决策问题之一。在供应商和制造商不同的权利结构下，供应链中产品线设计又是否会呈现不同的状态？本书将分析制造商面对两个细分市场时是否会采用共同组件策略，以及零部件供应商的批发价格策略。这项研究丰富了产品线设计和策略性定价两个方面的理论研究。

第五，零售商销售来自品牌制造商的产品时，会考虑是否加入自有品牌产品来扩张产品线以提高产品差异化程度。对于零售商而言，引入自有品牌产品虽然可以获得较高的边际收益，但会对现有产品产生挤兑效应，从而对自身及品牌制造商的利润水平产生影响。面对来自上游零售商潜在的竞争，制造商是否可以通过创新以获取竞争优势？制造商创新时，零售商引入自有品牌又是否可以改善供应链的利润？在供应链环境中考虑零售商自有品牌策略与品牌制造商创新决策之间的相互作用关系，对优化产品线具有一定的现实意义。在品牌制造商创新和不创新两种情况下，对比零售商引入自有品牌前后供应链参与成员的定价及均衡利润，以分析品牌制造商创新决策对零售商自有品牌策略的影响。随着自有品牌在零售业中越来越普遍，这项研究对企业决策有一定的现实指导意义。

总之，企业产品线设计决策受到供应链上相关企业决策影响，并最终为目标消费者服务。从消费者市场分析开始，用博弈论研究参与人之间的交互作用，对制定一个合理的产品线设计决策十分有必要。

1.2 国内外研究现状

产品线设计主要包括产品质量（Mussa & Rosen，1978；Villas - Boas，1998；Hua et al.，2011）、产品价格（Kraus & Yano，2003；Parlakturk，2012）、产品线长度（多样性程度）（Mussa & Rosen，1978；Moorthy，1984；Liu & Cui，2010；Ji et al.，2017；Kwong et al.，2021）、销售渠道（Villas - Boas，1998；Ji et al.，2022）等方面的问题。最早的关于产品线设计的综述可以追溯到兰开斯特（Lancaster，1990），拉姆达斯（Ramdas，2003）从多样性策略规划和实施两个角度对产品线多样性问题做了回顾。

如何投入更少的成本，获取更多的收益是产品线设计的核心问题，供应链环境中利益相关者的决策之间的相互作用同样影响产品线设计。在此从以下四个方面对现有文献进行陈述：（1）市场和消费者购买行为；（2）产品线设计；（3）多样性成本缓解策略；

（4）供应链中网络效应四个方面对现有文献做如下综述。

1.2.1 市场和消费者购买行为

对市场中消费者购买行为的内在驱动因素有一个深入的认识，有利于企业更好地为消费者提供产品或者服务。消费者的购买行为受多种因素的影响，如社会因素，文化因素，心理因素以及个人因素等，这些因素众多且相互关联，使得企业预测消费者购买行为的难度增加。然而，更好地满足消费者不同的购买偏好，是企业提供多样性产品的动机之一。因此，产品线的设计过程中对消费者购买行为有一个正确的认识非常的重要。

1. 产品市场分析

市场中消费者数量众多，在购买产品的过程中不同的消费者会对产品表现出差异化的偏好，从而导致不同的购买行为。对产品市场进行划分，并选择合适的细分市场进行服务是产品线设计的重要环节。部分研究基于单个细分市场，分析消费者购买行为，这类文章大多不考虑产品质量决策，即假设市场中消费者对产品的质量评价系数相等。现有这方面的研究多基于霍特林（Hotelling）模型，研究产品之间的横向差异化程度和产品销售价格等因素对消费者购买行为的影响情况（Gaur & Horthon，2006；Honhon et al.，2010；Liu & Cui，2010）。德格鲁特（De Groote，1995）用区位选择模型（Locational Choice Model）模拟了消费者效用受产品差异化程度和定价影响的情况。多元选择模型（Multinomial logit model）也是模拟消费者面对多种选择时的有效方式（Ryzin & Mahajan，1999；Hopp &

Xu，2005；Cachon et al.，2005）。此外，代表性消费者效用函数能够很好地描述消费者面对一系列横向差异化产品时产生的效用，该模型基于一类同质的消费者（Marsh，1991；Lus & Muriel，2009）。辛格和比韦斯（Singh & Vives，1985）用代表性消费者函数给出垄断竞争情况下产品的具体需求；赫克纳（Hächner，2000），法拉哈特和佩拉基斯（Farahat & Perakis，2010）在他们的研究基础上，对参与人数量进行了扩展。基多科罗（Kidokoro，2006）对比了三种不同代表性消费者效用模型以分析交通运输项目的优势。

通过提供不同质量水平的产品，企业可以为多个细分市场中的消费者服务，以扩大产品市场的覆盖率。纵向差异化的市场中，不同细分市场中的消费者具有不同的质量评价系数。穆萨和罗斯（Mussa & Rosen，1978）假设市场中消费者质量评价系数为连续的随机变量，并分析了消费者具有自我选择权利时的市场需求。莫蒂（Moorty，1984）则把产品市场划分为 n 个细分市场，并为之提供不同的服务。此后，关于多样性产品的研究多基于两个给定细分市场，以分析两个细分市场之间的相互作用（Kim & Chhajed，2000；Krishnan & Zhu，2006）。市场需求为内生的情况下，德赛（Desai，2001）对比分析了细分市场被全面覆盖还是局部覆盖的情形。沙耶等（Chayet et al.，2011）假设消费者对产品质量的评价系数为连续的分布函数，且消费者效用与产品提前期相关；于（Yu，2012）同样考虑了连续的质量评价系数，并分析消费者行为参数对最优生产和库存决策的影响。可持续供应链中，纵向差异化也用于描述产品在绿色表现方面的差异（Shao et al.，2017；Zhang & Huang，2021）。最后，还有一些文献考虑两个细分市场的同时，研究了同一个细分市场又中存在横向差异化的情形（Dos Santos Ferreira & Thisse，1996；Lacourbe et al.，2009）。

2. 消费者购买行为

传统的运营领域研究中，通常忽视消费者内在驱动因素的影响，更重视基础理论的充实和完善，以得到更加直观的结论。而市场营销领域已有很多研究者对消费者的购买行为做出了大量的分析，现存一些比较成熟的消费者效用理论模拟方法。目前，越来越多关于两个领域的交叉问题出现，对本研究具有很大的借鉴意义。

消费者购买决策复杂涉及因素多，购买过程中消费者有时候并不确定具体哪种产品与自己的预期最为匹配。国内学者李善良等（2005）在信息不对称情况下，分析得出厂商可以通过甄别契约对消费者进行有效的区分，从而设计最优的产品线。面对多种功能相似的产品时，并非所有消费者都能明确自己的选择，因此，消费者购买产品时会存在一定的不确定性。面对这种不确定性，消费者可以花费一定的成本去探索自己的偏好（Villas – Boas，2009）。当然，此时，制造商需要对消费者付出的认知成本做出补偿（Xiong & Chen，2013）。平台经济的背景下，消费者可以通过社会媒体进行沟通，此时，制造商会通过提供更加差异化的产品线以满足消费者的需求（Ji et al.，2022）。产品或者服务的提供者，可以根据不同消费者的购买行为，采用价格歧视或动态定价策略来实现利润的最大化（肖勇波等，2010；Akay et al.，2010；Xiong & Chen，2013）。消费者差异化分布类型（Schön，2006；Orhun，2009；Shi et al.，2013；Feng et al.，2013），以及消费者的保留价值（Lacourbe，2012）

对产品线设计都有重要的影响。

产品持续创新的过程中，前瞻性的消费者会预测产品可能存在的更新，从而延迟购买，克里希南和拉马钱德兰（Krishnan & Ramachandran，2011）一文中论证了产品模块的可升级性联合产品定价，可以很好地解决产品的序贯创新问题。巴拉和凯尔（Bala & Carr，2009）认为提高产品销售价格可以用来削弱消费者的延迟购买行为。购买过程中，消费者通过视觉，味觉，听觉，触觉和嗅觉来获取产品的信息。消费者感知到的产品信息与真实的产品信息之间存在差异，因此，消费者效用函数模拟过程中，应该特别关注会影响消费者感知的因素。产品的生产过程中，为了提高生产的效率，制造商会采取相应的措施，如延期装配或者共同组件策略。共同组件的设计过程中，拉姆达斯等（Ramdas et al.，2003）通过实证分析得出制造商往往会选择对消费者差异化感知影响小的零部件作为共同组件。金姆和塞哈特（Kim & Chhajed，2000），苏布兰马尼安等（Subramanian et al.，2013）认为采用共同组件会导致消费者感知到的高端产品质量降低，而低端产品质量升高。德赛等（Desai et al.，2001）则用零部件质量水平的加权总和来表示消费者感知到的产品质量。不同于德赛的是，金姆等（Kim et al.，2013）认为同一个细分市场中消费者对两种零部件会有不同的质量偏好，并得出产品线扩张不会使高、低端产品之间的挤兑作用加强，反而会削弱挤兑作用。

1.2.2　产品线设计

企业通过提高产品线上产品的差异化程度，能够更好地应对激烈的市场竞争（Villas – Boas，1998；Kadiyali et al.，1996，1999；Desai，2001；Jeong et al.，2017），快速的响应消费者的需求（Gupta & Srinivasan，1998），缓解竞争企业之间的价格竞争（Rajagopalan & Xia，2012）；但是，同时也增加了企业的运营成本（Ryzin & Mahajan，1999；Randall & Ulrich，2001；Ton & Raman，2010）。运营和市场营销两方面多种因素的共同作用使得产品线设计决策变得复杂，需要更强的算法作为支撑（Belloni et al.，2008；Moon et al.，2017；Liu et al.，2017）。贝洛尼等（Belloni et al.，2008）比较了不同类型算法在解决产品线设计问题中的有效性。

产品线设计受到了理论和实践两方共同的关注，现存文献中主要从横向差异化和纵向差异化两个角度出发，分析产品线设计问题。此外，原始设备制造商的再制造策略，零售商的自有品牌策略也属于产品线设计的重要范畴。本部分主要从横向差异化、纵向差异化、再制造生产策略和自有品牌策略四个方面进行文献回顾。

1. 横向差异化

横向差异化模型的研究起于霍特林（1929）提出的消费者选择模型，消费者的效用函数与两个因素有关：其一为产品的特征与消费者理想中产品特征之间的差异；其二为产品的销售价格。该文章主要关注垄断企业之间的产品竞争问题。此后，很多学者对该消费者的效用模型做出了改进，并被引入到单个企业的产品定位和定价问题中。单个企业的产品多样化程度与产品生产、存储成本（Dobson & Yano，1995；Bish & Suwandechochai，2010；Gaur & Horthon，2006；Maddah & Bish，2007；Escobar – Saldívar et al.，2008），产品提前期（Alptekinoglu & Corbett，2010），产品定价（Aydin & Porteus，2008）、企业产能（Mishra et al.，2017）、消费者行为（Ji et al.，2022）、企业决策行为（宋成峰，2020）和供应链绩效（Thonemann & Bradley，2002）等因素相互影响。

产品多样性给企业生产和库存管理带来新的挑战（Gaur & Horthon，2006；周浩和朱卫平，2008），同时也影响产品提前期和消费者购买复杂度（Villas – Boas，2005）。雷津和马哈詹（Ryzin & Mahajan，1999）从零售商的角度分析了库存成本对产品多样性的影响，并给出最优多样化程度和每种产品的订货批量。多产品生产过程中，生产成本之间相互作用与产品之间的需求挤兑作用共同决定了产品线的差异化程度（Ramdas & Sawhney，2001；Morgan et al.，2001）。本贾法尔等（Benjaafar et al.，2005）从制造商的生产—库存策略出发，关注有产能约束的情况下，多种产品共用生产设备且存在转换成本时，产品多样性对库存的影响。研究表明库存成本随着产品品种数量呈线性增长态势。产品差异化程度高不仅使得企业经营成本增加，产品生产提前期也随之增加，阿尔普泰基诺卢和科比特（Alptekinoglu & Corbett，2010）用动态规划模型给出了最优产品线设计的一些特征，并通过数值算例发现提前期和多样性程度受市场和运营参数的影响。产品线设计决策复杂，可供选择的产品组合数量众多，埃斯科巴 – 萨尔迪瓦等（Escobar – Saldívar et al.，2008）用混合整数规划解决了生产型企业的产品线设计问题，并通过现实案例证明了该方法的有效性。维拉斯 – 博阿斯（Villas – Boas，2009）假设消费者采购过程中存在评价成本，该评价成本与产品线长度有关，因此，决策过程中考虑产品价格，评价成本和产品线长

度之间的作用就非常必要。产品的销售价格也是企业差异化决策的
重要内容，企业可以通过定价来影响其产品的市场需求（Reibstein &
Gatignon，1985；Dobson & Kalish，1993，1988，Kraus & Yano，
2003；汤卫军等，2006）。舒干和德西拉朱（Shugan & Desiraju，
2001）研究了成本变化时，零售商的产品线上产品之间的相互作用
对产品线定价的影响情况。

给定产品线长度的条件下，产品线联合定价和库存决策也是产
品线设计的重要方面。朱和索恩曼（Zhu & Thonemann，2009）分
析了两个产品之间的需求弹性系数对联合定价和库存策略的影响情
况，得出相对于静态定价，采用动态定价方法能够提高企业的利润
水平。艾丁和波蒂厄斯（Aydin & Porteus，2008）分析了报童模型
中，库存和定价的联合决策问题。研究发现，虽然优化的目标函数
不是价格的拟凸函数，但是，可以验证目标函数的一阶条件存在唯
一解且为最优解。周艳菊等（2013）基于前景理论分析了零售商的
两产品订货决策，分析得出产品的具体订货量与决策者的心理参考
点密切相关。

一些横向差异化的相关文章以供应链为研究背景，分析产品多
样性和供应链绩效之间的作用关系（Liu & Cui，2010；Ji et al.，
2017）。托马斯森（Thomadsen，2012）在一个制造商和多个零售商
的供应链中，分析产品多样性对产品需求，供应链绩效以及供应链
结构的影响。兰德尔和乌利齐（Randall & Ulrich，2001）通过实证
分析发现，不同的产品差异化类型所带来的成本增量之间往往存在
差异，因此，合适的供应链结构对差异化的实施有重要的作用。姬
等（Ji et al.，2017）假设制造商可以在现有产品线上增加一个改进

版本的产品，并分析公众对可持续性的关注态度对产品线扩张决策的影响。通过集中渠道和分散渠道的对比，发现考虑公众的可持续关注可以削弱渠道结构对产品线长度设计的影响。本书将在供应链环境中考虑横向差异化产品线的最优长度，并考虑产品销售市场因素对产品线最优长度的影响。

2. 纵向差异化

纵向差异化模型更加关注产品的质量设计。消费者对质量有不同的偏好程度，穆萨和罗斯（Mussa & Rosen，1978）第一次研究纵向化差异的产品线中，垄断企业的产品质量和价格设计决策，分析得出产品线设计决策中存在质量折损现象。此后，纵向差异化的研究考虑市场竞争（Moorthy，1988；Schmidt – Mohr & Villas – Boas，2008；Matsubayashi et al.，2009；Tang & Yin，2010；Ren et al.，2011）、生产工艺、成本（Netessine & Taylor，2007；Qian，2011）和不同消费者特征（Parlakturk，2012；Xiong & Chen，2013；赵伟光和李凯，2019；Yan et al.，2022）对产品线设计的影响情况。产品线扩张给产品品牌价值带来的影响（Randall et al.，1998），以及产品最优推出时间的问题（Moorthy & Png，1992；Ramachandran & Krishnan，2008）也是学者关注的重点。

纵向差异化的文献多在高、低两个细分市场中分析产品价格和质量的决策（Matsubayashi，2007）。劳加和奥菲克（Lauga & Ofek，2011）分析了质量相关成本对产品线设计的影响。唐和殷（Tang & Yin，2010）研究了生产成本、产能和竞争对制造商产品线设计的影响。克里希南和朱（Krishnan & Zhu，2006）分析固定的研发成本对产品线的最优长度和质量的影响问题，确定发现，存在研发成本情况下，以推出低质量的产品的形式向下扩张产品线并不能使企业盈利。奈特西和泰勒（Netessine & Taylor，2007）在传统的产品线设计问题中考虑生产技术因素的影响，研究表明生产技术更新有利于企业降低产品的销售价格并提高产品的质量水平，且会使得高端市场的产品质量和低端市场的挤兑作用产生改变。维拉斯－博阿斯（Villas－Boas，2004）通过广告等手段向消费者宣传产品的差异性，此时，广告成本对纵向差异化产品线结构有重要影响。研究发现，存在广告成本时，高端产品的售价更低，同时，低端市场能够获得质量更高的产品。布莱特克（Parlakturk，2012）在两个销售周期内分析了存在策略性消费者的情况下，提供两种产品能够降低消费者策略性采购行为所带来的损失，但是，新增产品必须满足一定的质量成本比值。邝等（Kwong et al. ，2021）分析制造商和零售商签订的合同类型对制造商产品线多样化程度的影响；并通过嵌套双层遗传算法证明供应链参与人之间签订的合同类型以及参数的具体设计能够影响产品线上产品的质量和供应链参与人的利润水平。

　　竞争的环境中，产品线决策与竞争者的相对位置，产品线扩张成本等因素密切相关（Ren et al. ，2011；赖雪梅和聂佳佳，2022）。任等（Ren et al. ，2011）通过实证分析得出，零售商的产品多样性决策和市场中竞争者与自身的相对位置有关。达维德等（Dawid et al. ，2013）研究了两个竞争制造商的产品线扩张决策，制造商的原产品需求不仅受到竞争者产品线的影响，还受到自身研发的新产品的影响。文章给出了两个制造商产能大小对产品线扩张决策的影响，其中，产能较小的制造商更加有动机去进行产品创新，而强势制造商一旦提高产能，弱势制造商将不考虑产品线的扩张。赖雪梅和聂佳佳（2022）在竞争的环境中考虑产品线扩张决策受扩张成本的影响情况，通过对比分析发现当扩张成本较低时，竞争的制造商均会采取扩张决策。但是，产品线扩张策略会损害参与人的利润水平，从而损害供应链的整体利益。

信息化产品和工业化产品在制造成本和市场细分方面具有不同的特点，琼斯和门德尔森（Jones & Mendelson，2011）研究表明信息化产品需要投入高额的研发成本，企业之间产品差异化大，提供高质量产品的公司能获得高额的利润，且外部市场竞争对其影响非常小。兰德尔等（Randall et al.，1998）用美国山地自行车销售案例，实证分析了品牌价值和产品纵向差异化结构之间的相互作用。研究发现企业为了维持产品的品牌价值往往更加倾向于仅提供高质量的产品，然而，产品线的扩张会改善企业的整体利润水平，因此，在决策过程中要权衡品牌价值和利润之间的关系。肖利平和董瀛飞（2016）用中国轿车产业数据验证了产品线扩张决策与不同市场中的扩张成本有关。沈等（Shen et al.，2019）在循环经济的背景下，分析绿色产品和非绿色产品质量差异对产品线设计决策的影响。研究表明，当消费者的责任支付意愿足够高时，制造商会对产品线进行扩张。张和黄（Zhang & Huang，2021）在碳排放背景下考虑了汽车制造商的产品线策略，其产品线可以包括电动汽车和传统燃油车。电动汽车和传统汽车的碳排放水平不同且消费者对两类汽车具有不同的评价系数。研究表明，产品线设计策略取决于制造商在提高电动汽车环境友好程度方面的能力。

对企业而言横向差异化与纵向差异化有不同的作用。拉库尔布等（Lacourbe et al.，2009）研究了产品组合受生产成本和消费者偏好系数的影响，在既存在横向又存在纵向差异化的背景下，分析垄断厂商的产品线设计。研究表明，横向差异化是利润的杠杆，而纵向差异化更多的是为了获取更多的边际收益。若消费者的支付意愿增加，企业更愿意推出低质量的产品。克莱莫和蒂斯（Cremer & Thisse，1991）分析了横向差异化和纵向差异化之间的关系，并得出，若只考虑可变生产成本，横向差异化其实是纵向差异化的特例。

3. 再制造生产策略

再制造相关问题受到了国内外学者的广泛关注，运营领域再制造问题多集中于逆向物流中回收渠道（Liu & Xiao，2019）、回收价格（Vorasayan & Ryan，2006）、回收数量（Savaskan & Van Wassenhove，2006；Vorasayan & Ryan，2006；易余胤，2009）、再制造产品与新产品的定价（Liu & Xiao，2019；Wen et al.，2020）和政府补贴策略（姚锋敏等，2021；檀哲等，2021）等方面。

对于原始设备制造商而言，是否推出再制造产品是企业的重要决策之一，这部分文献涉及产品、市场细分和废旧产品的回收问题。萨瓦斯坎等（Savaskan et al.，2005）研究了产品回收渠道，并给出了协调机制以激励下游零售商协助其回收产品。一些研究在垄断企业提供新产品和再制造产品的基础上，分析两产品的定价和回收率问题（徐峰等，2008）。但斌和丁雪峰（2010）认为消费者对再制造产品的评价更低，在此基础上分析了垄断厂商再制造单位成本对企业再制造决策的影响。再制造产品会对新产品的市场需求产生挤兑效应，同时，也会吸引一些价格敏感的消费者。因此，企业可以增加对再制造产品的宣传，从而，使得企业能够从再制造产品中获益。此外，利用两阶段的动态模型，研究发现，再制造决策可以使得第一阶段新产品销量上升。需求不确定情况下，郭军华等（2013）研究再制造产品和新产品的最优定价问题，消费者对再制造产品支付意愿提高能够使得新产品价格降低，而再制造产品市场价格增加。产品市场中绿色消费者比一般消费者对再制造产品的接受度更高，温等（Wen et al.，2020）在此背景中考虑了环境责任型制造商的定价和回收率策略，研究表明再制造产品和常规产品差异化的定价会损害零售商的利润。

一些文章不考虑新产品和老产品之间的差异性，在两阶段的模型中，更加关注第三方再制造商带来的竞争和生产成本等因素（Majumder & Groenevelt，2001）的影响。费勒和斯瓦米纳坦（Ferrer & Swaminathan，2006）分别建立了两周期和多周期的生产模型，分析市场中是否存在第三方再制造商对OEM再制造决策的影响；并在此基础上研究再制造决策对前期产品产量和定价决策的影响。更多的研究假设新产品和再制造产品之间存在差异，且消费者对新产品有更多的支付意愿（Ferrer & Swaminathan，2010）。弗格森和托克泰（Ferguson & Toktay，2006）首先给出了垄断的制造商不参与再制造的条件，后指出为了防止第三方制造商进入销售市场，OEM应该采取措施控制回收渠道。阿塔苏等（Atasu et al.，2008）考虑两个OEM之间竞争问题，更加关注市场因素对再制造决策的影响，既考虑产品的内部竞争又关注企业之间的竞争。研究方发现产品线扩张是一项非常有效的市场战略，而且产品的差异化定价能够有效地防止竞争者进入市场。温等（Wen et al.，2021）从第三方再制造商的角度考虑来自原始设备制造商新产品竞争对产品销售渠道选择的影响，研究表明竞争会改变消费者对再制造产品接受程度对渠道决策的影响，且对于再制造商和零售商而言，双渠道有可能是一种双赢的策略。由此可以看出，文献中关于再制造产品所产生的竞争问题，目前仅停留在横向的制造企业之间，渠道中再制造决策的研究较少。本书试图分析，再制造产品引入对产品销售渠道的影响情况。

制造商再制造过程中的生产工艺选择也非常重要，会影响产品的质量水平（Debo et al.，2005），成本（刘保全等，2008），碳排放量（郭钧等，2021）等。迪博等（Debo et al.，2005）分析了产品制造商的再制造工艺选择和产品的定价决策。再制造技术决定着再制造产品的最终质量，高水平的再制造技术能够使回收产品恢复成新产品的性能水平，而低质量的再制造技术则只能生产出与新产品有质量差异的产品。刘宝全等（2008）假设边际回收成本是回收率的增函数，分析了制造商具有高、低两种不同再制造技术时，再制造产量的分配方式；并分析成本因素对定价决策的影响（高低端产品之间是线性替代关系）。熊中楷等（2011）假设第三方再制造商进行再制造时需要向原始设备制造商支付一定的产权费用，研究发现在传统的两方收入共享契约中加入第三方再制造商可以使得供应链达到协调状态。许民利等（2021）在单位专利许可费和固定专利许可费两种模式下，设计了基于 Shapley 值的收益共享契约以使得供应链达到协调状态。再制造过程中，企业面临着政策和技术投资等多方面的问题，目前的研究并未涉及再制造技术成本对 OEM 决策的影响，本书将考虑再制造技术投入成本对产品线扩张的影响。

4. 自有品牌策略

零售商可以引入自有品牌产品以增加产品多样性，获取更高的边际收益（Chintagunta et al.，2002；Karray & Martín‐Herrán，2019）和更多的渠道权利（Mills，1995）。引入自有品牌产品还能够使得零售商在采购上游制造商品牌产品时获取一个有利的价格（Narasimhan & Wilcox，1998），并缓解渠道中的双重边际效应（Chen et al.，2011）。零售商的自有品牌引入策略与零售商的行为（Cui et al.，2016），渠道结构（Jin et al.，2017），市场竞争情况（Groznik & Heese，2010；Jin et al.，2017），零售商货架空间（Kuo & Yang，2013）等因素有关。引入自有品牌产品时，需要决定产品的定价（Chintagunta et al.，2002；Choi & Fredj，2013）、定位（Kuo & Yang，2013）和质量（Hesse，2010；李海等，2016；Mai et al.，2017）等相关决策。蔡和弗雷德（Choi & Fredj，2013）在一个品牌制造商和两个竞争的零售商构成的供应链中，考虑权利结构对产品定价的影响。研究发现，零售商相对于制造商具有更大的渠道权利时，自有品牌产品的定价最低。麦等（Mai et al.，2017）研究发现延长保修期可以很好地激励自有品牌制造商提高产品质量。郭和杨（Kuo & Yang，2013）假设自有品牌产品和制造商品牌产品在质量与产品特性两方面均存在差异，并分析了货架空间、产品之间价格交叉系数对自有品牌产品定位的影响。

产品的引入会影响品牌制造商的利润，米尔斯（Mills，1995）认为零售商引入自有品牌不仅会使得制造商产品批发价格降低，还会对产品的市场需求产生影响，因此不利于制造商。范小军和陈宏民（2011）指出引入自有品牌产品时，制造商的利润下降程度由渠道中的权利结构决定。零售商的市场进入策略对品牌制造商的影响还取决于渠道中参与人的决策顺序，制造商选择合适的时间决定产品的广告投入和定价可以降低自有品牌带来的负面影响（Karray & Martín‐Herrán，2019）。一些学者从品牌制造商的角度思考如何应对来自零售商自有品牌的影响。当制造商品牌产品与自有品牌产品之间存在质量竞争时，制造商可以通过选择合适的产品质量水平以获取更高的利润（Hesse，2010）。李海等（2016）认为当自有品牌产品质量水平较低时，品牌制造商可以通过使用低销售成本的直销渠道来缓解来自零售商产品的影响。金等（Jin et al.，2017）分别在单一渠道和双渠道中，分析零售商的自有品牌策略，以帮助品牌制造商做出正确的销售渠道决策。也有部分研究从实证和模型的角度验证了零售商的自有品牌策略可能会改善制造商的利润（Chintagunta et al.，2002；Pauwels & Srinivasan，2004；Ru et al.，2015；Karray & Martín‐Herrán，2019；沈启超和何波，2022）。汝等（Ru et al.，2015）在一对一的供应链中，分析渠道权利结构的影响，并发现当零售商为供应链中领导者时，引入自有品牌会提高品牌制造商的利润水平。本书在制造商进行过程创新的环境中，分析零售商自有品牌策略对供应链参与人最优决策的影响。

1.2.3 多样性成本管理

多样化产品帮助企业更好地满足消费者的需求，扩大市场份额，同时也给企业带来了新的挑战。最初一些文献在假设产品线扩张成本为固定值（Dobson & Kalish，1988）的情况下，分析产品的定位和定价问题，而忽视了产品生产过程中可能存在的协同作用。这种情况下，多样化产品的相关生产成本高，企业从销售多样化产品中获利的可能性大大降低。为了提高生产效率、降低运营成本，越来越多的学者关注生产过程中可能存在的协同效应，以缓解多样性给运营成本带来的负面影响。

目前，多样性成本管理受到了越来越多学者的关注。国内学者王春兴和董明（2009）在按订单装配的生产方式下，基于库存共享策略，利用混合整数规划模型研究了最优产品线的规模及其定价问题。采用共同组件策略（Ramdas & Sawhney，2001），延迟装配策略都是减少多样性生产成本（Lee & Tang，1997），同时达到快速响应的有效途径（Gupta & Benjaafar，2004）。斯瓦米纳坦和泰尤尔（Swaminathan & Tayur，1998，1999）通过建立合理的半制成品库存和设计产品的装配顺序，从而有效应地应对了产品需求不确定性。企业还可以通过生产技术的革新解决产品多样性生产问题。沙耶等（Chayet et al.，2011）考虑了两种不同的生产工艺，专门性的生产工艺和灵活性的生产工艺，对产品线设计的影响。研究发现，基于共同开发平台的产品设计，能够优化企业开发过程中的设计和投入成本。克里希南和古普塔（Krishnan & Gupta，2001）通过与独立产品的设计方式相比，以更好地分析共同生产平台的优势和劣势，并得出在高差异化的市场或者生产过程中存在比较大的规模经济效应时，独立的生产方式更有利于企业获取高额的利润。生产全球化背景下，制造商可以利用各地不同的产能来优化生产；然而，偏远地区生产的产品虽然成本低但会影响消费者对产品质量的评估。因此，制造商在产品线设计过程中要注意这两种效应之间的均衡

（Bala et al.，2014）。

本书中将主要从风险管理，共同组件和创新三个方面对相关文献做出综述：

1. 风险成本

经济和科技的快速发展，使得企业经营过程中面临很多不确定性。多变的宏观环境中，风险成本是企业决策过程中不可忽视的重要因素（Thun et al.，2011），也是供应链管理中的重要内容之一。唐（Tang，2006）指出供应链中风险主要来自两个方面，运营风险和中断风险，并从供应管理，需求管理，信息管理和产品管理四个角度总结了应对供应链环境中风险的策略和数量模型。单个企业的优化问题中，一些文章结合报童模型和风险因素，研究企业的最优订货量决策（Agrawal & Seshadri，2000；Wu et al.，2009；Wang & Webster，2009；Wang & Wang，2018）；同样也有一些学者以供应链作为研究背景，考虑风险背景下供应链环境中的定价、服务水平决策（Xiao & Yang，2008；Wei & Choi，2010；Xie et al.，2011）以及供应链契约设计和协调（Chiu et al.，2011；Hafezalkotob et al.，2011；Chan et al.，2020）等问题。

均值－方差法经常被用来模拟风险对运营决策的影响，如，订货量（Wu et al.，2009；Wang & Wang，2018），价格（Shen et al.，2020；Xiao & Yang，2008；Tsay，2002），服务水平（Xiao & Yang，2008）和供应链契约设计（Niu et al.，2017；Zhuo et al.，2018）。王和王（Wang & Wang，2018）分析了零售商有订货量参考点时的订货量决策，并发现损失规避型零售商的订货量往往会小于风险中性的零售商。肖和杨（Xiao & Yang，2008）在两条竞争的供应链中分析零售商风险厌恶程度对决策的影响情况。研究发现零售商风险厌恶程度增加时，零售价格和服务水平都会随之降低；但是零售商风险厌恶程度对批发价格的影响情况取决于产品之间的替代系数。蔡等（Choi et al.，2019）既考虑了风险规避的零售商也考虑了制造商的风险厌恶程度，研究发现当参与人的风险厌恶程度高时竞争环境中供应链的利润水平更低。陈等（Chan et al.，2020）在零售商为风险规避型参与人的可持续供应链中研究协调机制。牛（Niu et al.，2017）发现供应链的可持续表现与制造商的风险厌恶程度相关。林和周（Lin & Zhou，2011）在产品设计背景下分析了供应链风险管理的重要性。产品线决策过程中，产品多样化程度影响需求的不确定性，从而导致产品线设计决策相关企业产生风险成本。有关产品多样性和产品线设计决策的相关论文中，很少考虑风险成本的影响，然而，这部分风险成本对企业的均衡决策有非常重要的影响（Tsay，2002）。本书将考虑面对供应链风险时，参与人风险厌恶程度对产品线设计的影响。

2. 共同组件策略

采用共同组件或者使用柔性资源是降低多样性成本的有效途径。共同组件策略很早就引起了运营领域学者的关注，研究问题多与不确定环境下库存决策相关，如风险问题（Mohebbi & Choobineh，2005），安全库存水平的设定（Baker et al.，1986；Gerchak et al.，1988；Thonemann & Brandeau，2000），最优共同组件的分配方案（Agrawal & Cohen，2001）和减少需求预测误差（Dogramaci，1979）

等。研究表明，并非所有共同组件策略均能使企业获利。共同组件的价值与生产复杂性成本（Van Mieghem，2004），零部件生产成本、提前期和库存的分配规则（Song & Zhao，2009）有关。索恩曼等（Thonemann et al.，2000）用数学规划的方法研究共同组件带来的生产、库存和复杂性成本变化，并通过灵敏度分析给出共同组件的使用条件。

面对众多的零部件，企业决定是否采用共同组件，采用何种共同组件均非常重要（Chakravarty & Balakrishnan，2001；Fong，et al.，2014）。产品线设计过程中，共同组件的相关问题主要集中于消费者对产品差异化水平的感知，共同组件所带来的规模经济效应（Rutenberg，1971；Kim et al.，2013），风险共担效应（Hillier，2002；Shi & Zhao，2014）以及设计成本缩减（Desai et al.，2001；Heese & Swaminathan，2006）等方面。

金姆和塞哈特（Kim & Chhaje，2001）通过实证分析得出使用共同组件过程中一定要注意共同组件策略对消费者需求产生的影响。共同组件策略需与价格策略相互配合，当然恰当的零部件选择可以使制造商充分利用生产过程中的规模经济。共同组件对产品差异化程度的影响取决于其使用范围，若每种产品都使用同种共同组件，则差异化程度不变；若部分产品使用共同组件，则这些产品之间的差异化程度会受损（Bernstein et al.，2011）。企业往往选择对消费者差异化感知影响比较小的零部件作为共同组件（Ramdas et al.，2003）。范霍夫等（Verhoef et al.，2012）研究表明品牌之间使用共同组件，会导致高端产品销售状况受损，低端产品获益。费希尔等（Fisher et al.，1999）通过实证分析了最优的共同组件策略，并验证了有效的选择共同组件能够优化生产和研发成本。达伊和文卡塔拉马南（Day & Venkataramanan，2006）用数学规划的方法，研究生产过程中使用共同组件的产品线的定价和产品线构成决策，并给出了相应的算法。董等（Dong et al.，2011）通过混合整数规划分析模块化生产和库存混同作用对产品线的选择和定价的影响问题。金姆等（Kim et al.，2013）在同一个细分市场中消费者对产品的两个质量维度有不同偏好的环境中，研究发现采用共同组件可以缓解产品之间的需求挤兑作用。

随着消费者环境保护意识的增强，绿色供应链和再制造已经成为运营领域关注的重点问题。共同组件的可升级性不仅可以缓解环境问题也可以使得企业获利（Hapuwatte et al.，2022），然而，组件的升级也会导致产品生命周期的缩短（Agrawal & ülkü，2012）。为不同的产品设计独有的零部件，可以增强零部件之间的适配性；然而，拉姆达斯和兰德尔（Ramdas & Randall，2008）通过研究发现使用共同组件能够赋予企业从消费者处获得使用反馈，从而拥有持续改进零部件的能力。苏布兰马尼安等（Subramanian et al.，2013）在再制造背景下，考虑共同组件对企业利润的影响，并用 IPAD 的数据对模型做出了解释。更多关于共同组件的文献，可以参照拉布罗（Labro，2005），菲克森（Fixson，2007）所做综述。

3. 企业创新成本

在经济学和产业组织理论领域中，关于企业创新的成果颇为丰富。在供应链与运营管理领域，分析企业创新决策的文章相对较少。克里希南和乌利齐（Krishnan & Ulrich，2001）对运营管理领域中有关创新的文献做了综述。企业主要的创新活动可以分为产品创新和过程创新（孙晓华和郑辉，2013），通过过程创新企业可以缩减产品的边际生产成本，企业进行产品创新可以推出新的替代性产品，产品创新与过程创新之间存在一定相互作用关系（Lin & Saggi，2002；Lambertini & Mantovani，2009）。林和萨吉（Lin & Saggi，2002）分析了企业产品创新和过程创新之间相关性，研究表明两者可以互补，产品创新使得需求增加，在一定程度上增加了过程创新的回报；而过程创新使得产品的单位生产成本降低，从而使得产品创新更加有吸引力。

企业创新决策与消费者市场需求（巩天啸等，2015）、产品差异性、生产成本（赵丹等，2012；Krishnan & Zhu，2006）、产品分销渠道（Jin et al.，2016）以及政府的补贴行为（盛光华和张志远，2015）等因素相关。孔天啸等（2015）通过建立两阶段博弈模型分析企业的产品策略，研究表明，高端消费者较多时，企业会采用共生换代策略。基于共同开发平台的产品设计，能够使得企业开发过程中充分利用设计和投入成本，克里希南和古普塔（Krishnan & Gupta，2001）通过与独立产品创新相比，以更好地理解共用创新平台的优势，并发现基于平台的产品创新不适用于高差异化的市场或者生产过程中存在规模经济效应的情况。克里希南和朱（Krishnan & Zhu，2006）分析固定的研发成本对产品线的最优长度和质量的影响问题，得出存在研发成本时，向下扩张产品线从而推出低质量的产品并不能使企业盈利。达维德等（Dawid et al.，2013）研究了两个竞争型制造商的产品创新动机与产能之间的关系，研究表明原产品产能较低的制造商具有更强的产品创新动机。

供应链环境中，企业的创新决策更加复杂，横向竞争和纵向合作的企业之间会出现溢出效应（Sun et al.，2004；Chen & Chen，2014；Harhoff，1996；Arya & Mittendorf，2013）。古普塔和卢卢（Gupta & Loulou，1998）分析寡头竞争者的创新和渠道选择问题，研究发现分散供应链中，制造商的过程创新投入低于集中情况，且与产品替代性无关。上游企业对制造商创新进行补贴，会导致制造商降低创新投入（Yoon，2016）。吉尔伯特和克瓦萨（Gilbert & Cvsa，2003）研究表明，上游企业可以通过供应链契约设计来激励下游企业加大创新投入。制造商也可以协助上游供应商进行创新，以提高制造商利润水平，但是供应商的利润水平与产品缩减带来的需求变化相关（Kim，2000）。上下游企业渠道权利不同也会导致不同的创新决策，孙晓华和郑辉（2013）研究表明买方势力越强，上游企业工艺创新水平越小，产品创新投入越高。阿里亚和多夫（Arya & Mittendorf，2013）在库诺特竞争的环境中，考虑策略性创新决策和渠道结构的相互作用，研究表明当制造商有直销渠道时，创新溢出效应使得竞争者获益，两种产品的总需求变大。在一对一的供应链中，尹（Yoon，2016）发现有直销渠道的情况下，制造商会加大创新投入从而降低产品批发价格，以使得供应链环境中存在帕累托改进区间。

王和辛（Wang & Shin，2014）在三种不同的契约环境中，分析上游企业的创新决策，研究表明收入共享契约可以使得供应链达到协调状态。田巍等（2008）在一个制造商和两个零售商的供应链中，分析制造商的创新决策，研究表明制造商的创新投入随着下游零售商竞争程度的增加而增加，并给出了基于数量折扣的供应链协调契约。葛等（Ge et al.，2014）在供应商和制造商均投入创新且存在溢出效应时，分析纵向供应链中最优的合作研发模式。横向企业之间，创新型企业会通过技术转移的方式，从竞争者处获取一定的补偿，并使其进入最终产品的销售市场（Sun et al.，2004；Chen & Chen，2014）；也可以通过中间产品外包的方式，使得供应链中产生技术溢出效应，从而共担创新成本（Chen & Chen，2014）。企业之间可以通过调整知识溢出水平以建立合作研发机制（熊榆等，2013）。不同于以上文献的是，本书考虑市场中存在产品竞争时，制造商的创新决策及其对其他参与人的影响。

1.2.4 供应链中网络效应

供应链环境中上游、下游企业和横向竞争企业均会对企业决策产生重要的影响。决策过程中企业各自为政，为了自身利益最大化损害了供应链作为整体的利润，从而导致供应链中存在双边际效应。很多学者研究供应链中的冲突和协调问题，卡雄（Cachon，2003）对供应链中的协调问题做了相关综述。不同的渠道结构（Williams et al.，2011），潜在的供应链进入行为（Liu & Tyagi，2011）都会对企业决策产生不同的影响。夏和吉尔伯特（Xia & Gilbert，2007）研究了不同渠道中产品线的定价和服务水平设定问题。吉尔伯特（Gilbert，2006）在上游供应商处存在生产成本削减机会的供应链中，分析得出，下游竞争的制造商均会采用关键零部件外包策略，以利用上游创新带来的溢出效应，而非采用集中的策略来进行单独生产。通过策略性的决策方式，企业可以引导潜在的竞争者行为，从而使自身利益最大化（Xiao & Qi，2010）。

多样化产品环境下，学者们针对供应链中网络效应也做了相关研究（Tsay & Agrawal，2000；丁军飞等，2021）。供应链下游存在竞争的企业时，产品供应商同样可以通过相关契约使得供应链达到协调的状态。该种情况下的理论研究对产品多样化供应链的研究具有一定的指导意义。蔡和阿格拉沃尔（Tsay & Agrawal，2000）在一个供应商两个零售商的供应链中发现，若零售商通过价格和服务水平来进行相互竞争，批发价格契约可以使供应链达到协调的状态。

有关企业产品线设计的文章中，产品质量和产品线长度受供应链中利益相关者的影响，合理的产品线长度设计也能够对供应链中成员之间的冲突产生缓解的作用（Villas – Boas，1998；Liu & Cui，2010；Hua et al.，2011；Ji et al.，2022）。维拉斯 – 博阿斯（Villas – Boas，1998）从产品制造商的角度分析如何合理地设计产品线，以使存在零售商时，制造商利润的最大化问题。与集中供应链相比，通过分销渠道销售产品时，制造商要尽可能地扩大产品之间的差异性，这是因为，分散供应链中的双边际效应增加了产品线中的挤兑效应，制造商通过增加产品之间的差异性来对零售商做出补偿。若企业生产能力有限，不能扩大产品之间的差异性，制造企业可以通过提高价格来放弃低端市场，只提供盈利水平高的高质量产品。刘和崔（Liu & Cui，2010）分别在制造商通过直销渠道和通过零售商销售两种情况下，考虑横向差异化产品线的设计问题。供应链环境中，双重边际效应使得零售商愿意销售的产品种类与集中情况下不同。

艾丁和豪斯曼（Aydin & Hausman，2009）在决定产品线长度时，考虑是否可以通过引入进场费来使得供应链上企业决策达到统一的问题。华等（Hua et al.，2011）研究了最优产品线设计问题，并指出收入共享契约可以很好地协调零售商和制造商之间的行为。拉库尔布（Lacourbe，2012）用消费者的保留效用来表示来自企业外部产品的竞争，同时考虑了产品推出顺序和来自外部竞争对产品线设计的影响。拉贾戈帕兰和夏（Rajagopalan & Xia，2012）在一个制造商，两个零售商的供应链中分析得出，零售商会从产品多样性中获利，而供应商则承担了大量的多样性成本，甚至包括零售商处的销售成本。供应商的盈利水平不仅取决于产品的相关成本，市场因素同样非常重要。在消费者市场完全覆盖的情况下，批发价格契约同样可以使供应链达到协调状态。陈等（Chen et al.，2013）研究了零售商可以投入固定成本建立自有品牌时，供应链的协调问题，研究表明零售商推出质量较低的自有品牌，能够缓解供应链中原有的双边际效应，从而达到供应链协调的目的。

自有品牌产品的引入会影响品牌制造商的利润，米尔斯（Mills，1995）认为零售商引入自有品牌不仅会使得制造商产品批发价格降低，还会对产品的市场需求产生影响，因此不利于制造商。范小军和陈宏民（2011）指出引入自有品牌产品时，制造商的利润下降程度由渠道中的权利结构决定。一些学者从品牌制造商的角度思考如何应对来自零售商自有品牌的影响。当制造商品牌产品与自有品牌产品之间存在质量竞争时，制造商可以通过选择合适的产品质量水平以获取更高的利润水平（Hesse，2010）。李海等（2016）认为当自有品牌产品质量水平较低时，品牌制造商可以通过使用低销售成本的直销渠道来缓解来自零售商产品的影响。金等（Jin et al.，2016）分别在单一渠道和双渠道中分析零售商的自有品牌策略，以帮助品牌制造商做出正确的销售渠道决策。也有部分研究从实证或模型的角度验证了零售商的自有品牌策略可以改善制造商的利润情况（Chintagunta et al.，2002；Pauwels & Srinivasan，2004；Ru et al.，2015）。汝等（Ru et al.，2015）在一对一的供应链中，分析渠道权利结构的影响，并发现当零售商为供应链中的领导者时，引入自有品牌会提高品牌制造商的利润水平。本书在制造商进行过程创新的环境中，分析零售商自有品牌策略对供应链参与人最优决策的影响。

1.2.5　文献分析与总结

产品线设计属于市场营销和运营管理的交叉问题，通过对上述文献的分析可以看出，虽然产品线设计的理论研究已经有较长的历史，文献类型也相对丰富。但是，大部分的文献关注单个企业的决策优化问题，包括产品质量和定价问题，考虑供应链中其他参与人决策的产品线设计问题还比较薄弱。企业的经营过程中，供应链上成员之间的相互作用对企业决策有着非常重要的作用。如何共同为消费者创造价值，下游生产策略是否影响上游的生产计划，产品线的长度对供应链的绩效和双重边际效应会产生何种影响，横向竞争关系是否会促进企业对产品线进行扩张等都是供应链环境中产品线设计要解决的关键问题。

已有的供应链管理博弈模型中较少考虑多产品的情况，传统的模型多假设一个制造商只提供一种产品的情况。本书将在现有供应链理论成果的基础上，结合消费者行为学、市场营销技术、协调管理等重要的理论和方法，主要用博弈论的方法对存在多样性产品的供应链管理进行深入的研究。本书主要针对以下问题做出研究，试图给出问题的解决方案。

1. 文献中少有分析风险成本和参与人的风险态度对产品线扩张决策的影响

产品线长度优化过程中，已有文献从生产、库存等多方面分析了最优产品线长度的决策。产品线扩张使得企业经营过程中面临更多的风险，此时，供应链中利益相关者的风险态度对企业决策有重要作用。本书将考虑消费者购买行为具有不确定时，风险成本和产品之间相互作用对产品线扩张决策的影响，并尝试分析产品销售渠道和风险因素对决策的联合作用。

2. 关于共同组件的研究，较少关注共同组件策略对价格策略的影响

共同组件的相关文章多基于单个企业的优化问题，或者横向企业之间竞争。本书中将在供应链的背景中，考虑上游供应商批发价格对共同组件使用情况的影响，并在供应链的环境中，给出制造商的最优共同组件策略。将使用零部件质量的加权总和来描述消费者感知的质量水平。不同于已有文献的是，本书中两个产品的市场需求随着价格变动而不是固定值，以便更好地分析产品结构对供应链参与人决策的影响。

3. 竞争和产品销售渠道对产品线扩张动机的影响

企业采取产品线扩张策略时，不仅要考虑如何应对相关企业的竞争问题，还要选择合适的产品销售渠道。从以上文献可以看出，供应链中产品线设计决策研究包括上游、下游两个企业之间的决策以及一个上游供应商和多个下游零售商的问题。很少有研究关注生产企业之间的竞争问题，本书在再制造背景下，探索竞争和销售渠道对产品线设计的影响。

4. 有关创新决策的研究，鲜有关注下游产品线扩张策略的影响

有关创新决策的文献主要考虑渠道中溢出效应带来的影响，忽略了该行为对下游产品线策略的影响。现实生活中，为了满足消费者不同的购买需求，市场中越来越多的零售商引入自有品牌产品来扩张产品线。本书主要在供应链环境中考虑自有品牌策略与创新决策之间的相互作用关系，以探讨自有品牌引入策略与创新、定价决策。

1.3　结构与研究内容

通过对产品线设计和供应链管理相关文献的梳理，以及结合目前企业实践中遇到的相关问题，主要应用博弈论的方法对供应链中的产品线设计相关问题进行研究。产品线长度设计是产品线设计的重要内容之一，主要涉及企业销售利润增加与生产成本增加之间的均衡问题。重点分析风险因素、竞争因素以及渠道因素对产品线长度设计的影响。除此以外，产品线的定价以及质量水平决策也是本书探讨的重要方面，本书主要结构如图 1-1 所示。

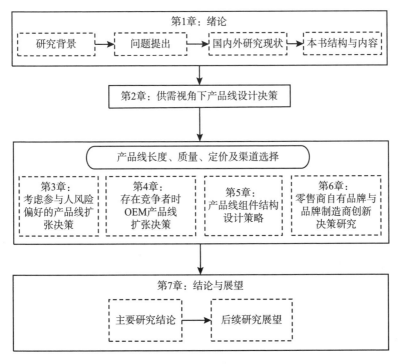

图1-1　本书主要结构

1. 考虑参与人风险厌恶的产品线扩张策略研究

经济环境的多变性以及科学技术的快速发展，使得企业面临不确定性的经营环境。产品线扩张过程中，新产品所带来的需求不确定性进一步增加了企业的经营风险。面对相同的风险，不同的参与人可能会做出不同的决策。对于风险厌恶型参与人而言，产品线的扩张不仅仅意味着生产成本的增加，企业经营的风险成本随之增加。首先，通过建立博弈模型，探索供应链中参与人风险厌恶系数对产品线扩张策略的影响，并分析产品线扩张前后均衡价格的变化情况。其次，为了分析渠道结构对产品线扩张决策的影响，在集中供应链中考虑了制造商的扩张策略。最后，假设制造商可以提升产品的质量水平，分析质量水平内生化对企业产品线扩张动机的影响情况。

2. 存在竞争者时 OEM 产品线扩张决策

产品销售市场中，存在众多品牌，竞争者之间的相互作用使得企业的产品线扩张策略变得更加复杂。对于原始设备制造商（OEM）而言，虽然，废旧产品的回收再制造是一种低成本的扩张方式，但是，再制造产品同时也会对新产品产生市场挤兑效应。权衡成本和收益之间的关系是企业决策的关键，然而，当市场中存在第三方再制造商时，潜在的市场竞争又可能会对企业的决策产生影响。分销渠道中，考虑竞争因素对产品线扩张的影响是本书想要探索的一个重要方面。通过建立博弈模型，分析 OEM、第三方再制造商和零售商之间相互作用对 OEM 产品线设计策略的影响，重点关注渠道中竞争因素对产品线长度以及定价决策的影响。考虑 OEM 作为废旧产品供应商时，来自第三方再制造商竞争对 OEM 决策的影响情况，以分析 OEM 是否可以通过其他途径缓解竞争带来的负面影响。

3. 产品线组件结构设计策略

社会化分工背景下，制造商往往需要依赖上游的供应商完成产品的最终生产。多产品的生产、设计过程中，向上游采购零部件的种类和数量是企业重要的决策内容之一。使用共同的零部件会改变产品的平均质量水平，降低最终产品之间的差异化程度，进而，对产品的最终市场需求和企业的收益水平造成影响。本书在单一供应商、单一制造商的供应链中，研究供应商零部件的批发价格制定策略，以引导制造商采用相应的产品线设计策略，从而最大化供应商自身的利润水平，并分析零部件的质量水平和单位生产成本对决策的影响情况。产品供应链上，有时候强势的制造商在与供应商的博弈过程中更有话语权，此时，供应商的零部件定价策略受到制造商产品线设计策略的影响。扩展模型中，分析了制造商为领导者、供应商为跟随者的博弈模型，以分析不同博弈顺序对产品线设计的影响，以及参与人在不同博弈模型中利润的变化。

4. 零售商自有品牌与品牌制造商创新决策

消费者需求个性化、差异化背景下，越来越多的零售商不满足于仅销售来自制造商品牌的产品，而是在产品线上加入自有品牌产品。引入自有品牌产品虽然可以产生额外的销售收益，但是同时也影响了在售的制造商品牌产品的销量和利润水平。销售过程中处理好竞争产品之间的关系，制定合理的销售价格是零售商决策的重要内容。零售商的产品线策略同样也会对上游制造商决策产生影响，当零售商引入自有品牌产品时，供应链环境中的创新溢出效应会影响企业决策。本书在单一零售商和单一制造商构成的供应链中，通过建立博弈模型，对比不同创新背景下零售商产品线扩张前后产品的均衡决策，以分析制造商创新和零售商产品线扩张策略之间的作用关系。最后，分析了自有品牌产品单位生产成本不为零时，零售商的产品线扩张决策对供应链参与人的影响，以及制造商创新背景下，引入自有品牌产品是否会使得供应链环境中存在帕累托改进区间。

1.4　研究方法和技术路线

　　本书综合运用市场营销理论、运营管理和博弈论等理论，分析供应链中产品线的设计问题（见图1-2）。消费者购买行为复杂多变，以消费者效用模型分析为起点，研究微观市场因素对产品需求的影响情况。博弈论是在企业之间相互作用情况下，分析解决决策问题的有效工具，也是目前研究供应链管理的主要工具之一。本书拟用博弈论的方法研究供应链中参与人，如零部件供应商、产品制造商和零售商决策之间的相互作用，以得到供应链中最优的产品线设计策略。

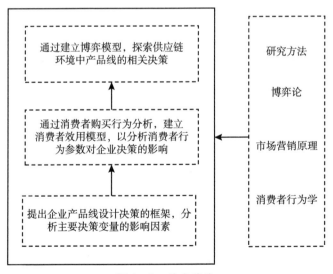

图1-2　技术路线

解决供应链中成员之间相互作用关系对产品线设计决策的影响，在纵向和横向两种供应链结构中分析产品线长度、定价和质量决策等问题，按如下技术路线开展研究。

（1）分别从宏观和微观环境分析开始，探索企业可能的机遇和挑战；指出在产品供应链中，考虑企业决策受利益相关者交互作用的影响情况对提高企业决策的有效性非常重要；分析消费者市场和企业产能约束对产品线设计相关决策的影响。

（2）借鉴消费者行为理论，分析面对多样性产品时，消费者对产品质量、价格和差异化程度的评价；提取影响企业决策的关键消费者感知因素，建立消费者效用模型；通过消费者购买行为内、外驱动因素的分析，探索产品线策略受市场因素的影响情况。

（3）在消费者行为分析的基础上，通过建立博弈模型，研究纵向供应链中制造企业产品线扩张策略受上游零售商风险态度，产品生产策略受上游零部件批发价格以及零售商产品线扩张策略受上游制造商创新决策的影响情况；横向供应链中，同样通过博弈模型的建立，考虑产品线扩张策略和销售策略受竞争者影响的情况，从定量模型中提出产品线扩张决策的框架和建议。

1.5　可能的创新点

本书从消费者效用分析出发，研究企业的差异化策略受企业经营环境中利益相关者的影响情况，并分析实现差异化过程中生产成本缩减和分销路径的选择问题，本书可能的创新点表现为如下几个方面。

（1）基于消费者购买理论和已有的文献分析，在不同的背景中选择合理的不同消费者效用函数，并获取相关产品的需求模型。在此基础上，分析企业的运营管理的相关问题，这种市场营销和运营管理相结合的方式，有助于企业更加精准地做出决策，更好地分析市场相关因素对企业决策的影响。

（2）不确定的经营环境中，分析引入新产品给制造商和零售商带来的风险成本对产品线扩张决策的影响情况。基于斯坦伯格博弈模型，分析下游零售商风险厌恶系数对产品线设计的影响，给出制造商扩张产品线的条件，并对产品线扩张边界做了灵敏度分析。通过对比分散和集中供应链中企业的决策，分析渠道、风险成本和产品线扩展之间的相互作用，得出制造商在不同销售渠道中的最优决策，对企业的产品线设计有重要的理论指导意义，提高企业为消费者提供价值的能力。

（3）多样性产品的生产过程中，产品制造商通过向上游供应商购买不同类型的组件完成最终产品的生产，以提高产品线的盈利水平。通过动态的博弈模型，分析供应商零部件的最优定价策略和制造商的共同组件策略。社会化大分工背景下，考虑分散供应链中企业决策之间的相互作用具有重要的现实意义。

（4）针对再制造市场中存在原始设备制造商和第三方再制造企业竞争的情况，通过建立博弈模型分析竞争因素对原始设备制造商最优产品线构成的影响，考虑竞争因素对产品线扩张决策非常重要，具有深远的现实意义。

（5）零售商除了销售制造商品牌的产品，也可以引入自有品牌

产品以扩张产品线，来改善经营情况。通过建立博弈模型，分析零
售商的产品线扩张策略和制造商的创新决策之间的相互作用关系。
自有品牌产品获得越来越多零售商青睐的背景下，考虑上游、下游
企业间互动行为对零售商产品线扩张决策有重要的理论指导意义。

第2章　供需视角下产品线设计决策

本章简要介绍企业产品线设计相关概念，通过对宏观环境的分析，得出企业提供多样性产品满足消费者需求势在必行；企业决策与供应链微观结构中相关参与人决策密切相关，因此，从供应链视角分析产品线设计问题非常必要。企业提供产品线为市场中具有类似需求的消费者服务，同时受制于企业拥有的资源。通过对市场和消费者购买行为分析，分别探索供给和需求因素对产品线设计的影响因素，并在此基础上提出产品线设计过程中四个重要的决策。

2.1　问题背景

产品线包括一系列功能相似，但存在各自独特特征的产品。由于产品市场竞争日益激烈，以及消费者对产品多样性需求的增加，产品线的概念已经广泛存在于各行各业中。越来越多的企业通过产品线的方式向消费者市场中提供差异化的产品或者服务，从而达到扩大市场份额、增加销售收益的目的。例如，宝洁公司作为世界领先的快速消费品制造商，其洗发水产品几乎占据了各大卖场洗护产品货架空间的半壁江山。海飞丝、飘柔、沙宣、伊卡璐和潘婷，这五大品牌在产品质量和功能上均存在不同程度的差异，能够满足不同类型消费者的购物需求。

产品线设计决策与市场需求和企业生产能力密切相关。忽视产品供给和消费者需求之间的关系，容易引发企业产能利用不合理和库存积压等问题，从而影响企业的经营绩效。产品销售市场中，消费者数量众多，分布广泛。企业受制于有限的产能和生产技术能力，不能为所有消费者服务。因此，企业必须有针对性地选择目标销售市场，并制定相关产品线设计策略以在竞争中脱颖而出，获取消费者的青睐。产品线设计决策涉及内容丰富，企业经营环境的复杂性和产品之间的替代性进一步增加了决策的难度。企业有计划，有步骤地进行产品线设计非常必要，图 2 - 1 给出了企业产品线设计决策的基本框架。

首先，分析经营环境，发现市场中可能存在的机会和威胁对企业制定经营策略有至关重要的作用，是企业决策的起点；其次，对产品市场进行深入认识和划分，选择目标消费者群体，利于企业更有针对性地分析消费者的购买行为，以探索市场因素对产品线设计的影响；最后，结合企业产能和生产工艺，扬长避短地制定产品线设计相关决策，提高企业供给和市场需求之间的匹配性。

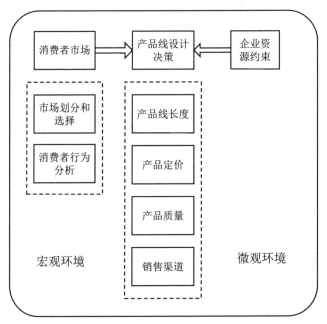

图 2 – 1　企业产品线设计基本框架

2.2　企业经营环境分析

经营环境包括宏观环境和微观环境，分析外部环境的特点和发展趋势，有利于企业抓住市场中可能存在的机遇，灵活地做出反应，从而提高企业决策的有效性。

2.2.1　宏观经营环境

企业经营决策中不可避免地受到宏观环境因素的影响，包括经济、科技、自然、人口、政治、文化等。环境的迅速变化使得企业面对更多的机遇和挑战，各种因素之间相互作用又时刻影响着环境中的各决策主体的行为。消费者的购买行为同样受宏观环境的影响，进一步加大了企业决策的难度。

首先，经济环境变化改变了产品市场的销售格局。全球化背景下，企业之间的竞争越来越激烈，企业所提供的产品或者服务能够更好地满足消费者需求时，才能在市场中拥有立足之地。消费者购买行为和购买力同样受经济因素的影响。随着居民生活水平的改善，消费者对生活品质的要求越来越高，相当一部分消费者不满足于仅仅拥有一件产品，而是寻求不同的消费体验，从而对产品的功能性和潮流性提出了更多的要求。

其次，科技发展给企业的产品创新创造了良好的条件，但技术飞速进步又不可避免地给旧技术带来冲击，缩短了产品的生命周期。新、旧产品之间的相互作用，给消费者提供更多选择的同时，增加了企业的运营成本。消费者的购买方式也在无形中受到了科技发展的影响，线上采购已经成为消费者购买产品的重要方式之一。全渠道的销售模式赋予了消费者获得更多产品信息的途径，"货比三家"这种消费者心理更容易被满足。企业只有更加了解消费者需求，才能提供具有竞争性的产品。

最后，在可持续发展战略的引导下，政府鼓励企业在生产制造过程中使用节能环保型资源。再制造作为一种低成本的生产方式，也逐渐成为当代制造业发展过程中不可或缺的重要组成力量。随着消费者环境保护意识的增强、居民基本素质的提升，产品的绿色环保性已经成为影响消费者购买决策的重要组成部分。再制造产品的出现使得一部分消费者转而购买价格更低的再制造产品，对新产品的销售产生了一定冲击。此外，企业决策过程中，人口结构，政府政策和文化传统也对企业决策有重要的影响。

宏观环境的复杂、多变性使得企业决策过程中受到多种因素的共同影响，企业向市场中推出多样性的产品似乎已经成为一种必然趋势。

2.2.2　微观经营环境

产品供应链上成员之间相互合作和协调，赋予核心企业为消费者提供产品的能力，这些供应链中的相关企业构成了企业微观经营环境。如图 2 - 2 所示，包括上游零部件（原材料）供应商、下游零售商、竞争企业以及消费者群体，企业决策受供应链上利益相关者的影响。

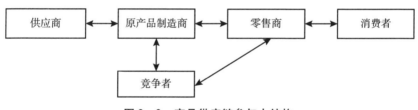

图 2 - 2　产品供应链参与人结构

产品制造过程中，上游供应商向企业提供关键零部件或者原材料，原材料的质量和价格直接影响到产品最终质量水平和销售利润。通过选择与企业具有相似经营理念和目标的供应商，并与之相互协调，建立长期的合作关系，有利于原材料的及时供应，以及建立相应的质量溯源体系。供应商参与创新管理，可以降低产品开发风险和成本，缩短产品开发周期，增强产品的柔性和市场适应力；选择具有可持续发展理念的上游供应商，可以使得双方在绿色能源方面共同努力，建立绿色的生产和运输流程，减少对环境的负面影响，在环境保护和节约成本方面有重要的作用。

下游零售商方面，零售商较之制造商而言，具有成熟的营销体系和渠道。零售商处货架空间的分配，服务努力成本的投入均为产品最终销售额的重要影响因素。通过与零售商建立友好的合作关系，利用零售商的渠道销售产品可以更加高效地销售产品。而面对激烈的竞争环境，只有当企业提供的产品或者服务能够更好地满足消费者的需求时，企业才能在竞争中获胜。制造企业扩张产品线，不仅可以有效地覆盖销售市场，从而在竞争中获取优势地位，还可以提高市场进入壁垒，防止潜在竞争者进入市场分摊利润。

分散的供应链中，企业可以发挥自身的经营优势，实现原材料到最终产品的高效转换，以更快更好地为消费者服务。然而，分散的决策过程同样给企业带来麻烦，供应链中其他参与人的相互作用关系成为企业决策重要的组成部分。从供应链的角度出发，提高产品供给和需求之间的匹配性非常必要；产品线的设计过程中，分析决策者之间会产生何种冲突以及如何缓解冲突是本书要解决的重要问题之一。用博弈论的方法从供应链的角度考虑渠道结构、上下游企业决策与产品线设计决策之间的相互作用，揭示最优的产品线设计决策是本书需要解决的重点问题。

2.3　分析消费者市场

为了提高产品供给和需求之间的匹配性，企业需要对消费者市场有深入的了解，并对消费者的购买行为有一个正确的认识。

2.3.1 市场划分和选择

产品销售市场中，消费者的购买行为和习惯与其可支配的收入水平有关，因此，销售市场中存在多个具有差异性并分布离散的细分市场。企业根据产品或者服务的类型，可以按照人口统计因素、心理因素和行为因素等，将大的市场划分成若干个细分市场。由于生产能力和生产技术的约束，企业不能满足所有消费者的需求。企业通常选择其中一个或者多个具有一定规模且具有发展潜质的细分市场作为自己的目标市场，并针对该市场中消费者的需求提供具有竞争力的产品。

企业可以选择为不同的细分市场提供单一的产品，也可以向不同的细分市场推出差异化的产品。仅提供一种产品可以简化企业的生产过程，增加生产过程中的规模经济效应，但是，不能完全满足消费者的需求。差异化产品则赋予企业获得更多消费者剩余的能力，但需要更多的生产成本，产品之间的相互作用也增加了企业决策的难度。

企业决策过程中，分析消费者的购买行为、关注产品线设计决策之间的相互作用非常有意义。以下将从消费者购买模型出发，研究消费购买行为的主要影响因素和决策过程。对消费者购买行为进行深入的探索，有助于企业制定产品线设计策略，为后续研究提供坚实的理论基础。

2.3.2 消费者购买行为和影响因素分析

分析消费者的购买行为是企业产品线设计决策的起点，有效地评估消费者需求可以有效地降低需求预测的误差，从而制定研发、生产计划，满足不同细分市场消费者的需求，降低供需不匹配成本。对消费者购买行为进行系统的分析，有助于提高企业产品线设计决策的准确性。此外，产品线设计者应与消费者建立一个良好的客户关系，了解消费者购买偏好的变化趋势，从而预测消费者对产品的市场反应，这对产品线设计有重要的作用。

恩格尔认为消费者购买过程分为需求驱动、搜集产品信息、评价选择、购买决策以及信息反馈五个阶段（付国群，2004）。一般而言，消费者购买行为起始于消费者内在对产品或者服务的需求。一旦消费者意识到这种内在需求，就会通过多种可能的渠道获取产品信息，进而对可以选择的产品做出评估，并做出购买决策。产品的使用过程中，消费者可以评估产品的真实性能和消费对产品期待之间的差距，并最终决定产品品牌的地位，进而建立自己的信息库，为下次购买决策存储信息。以上五个阶段中，决策是消费者购买过程中的重要环节，是消费者个体心理决策，受内在、外在多种因素的驱动。

1. 内在因素

消费者的内在因素包括两个方面：其一，为消费者的年龄、经济、生活理念等个人特征；其二，为消费者的购买动机、态度和信念、消费者的感知等主观心理因素。其中，消费者的个人特征更多地决定了消费者属于何种类型的细分市场；而心理因素则是消费者共同拥有的一些特征。本书将分析消费者心理因素对购买决策的影响情况。

购买动机指消费者内心有足够强的需求，需要通过购买产品或者服务以寻求满足感。内在的需要和外在的诱因同样可以引起消费者的购买动机，因此，企业可以创造市场价值，引导消费者购买产品。学习指消费者可以从学习经验中改变自己的行为。信念和态度是指消费者对产品或者产品品牌所持有的评价。产品销售过程中，企业可以利用不同的销售策略来激发或者利用消费者的内在动机来提高产品的销量。感知是指消费者通过选择、组织和解释信息以获得对事物的认知。消费者决策过程中根据自身感知到产品能带来的收益和必须付出的成本差值最大化来选择产品。

面对多样性产品，消费者对产品差异性的感知非常重要，直接影响到企业产品线的构成，本书中将考虑消费者对产品差异化感知水平对产品线设计决策的影响。

2. 外在因素

消费者购买行为中，外在客观因素包括经济、科技、社会和文化等宏观因素和企业相关决策。宏观因素直接影响到消费者的购买能力、购买形式；企业决策同样是消费者购买的外在影响因素。消费者通过自身效用的最大化原则来购买产品或者服务。构建消费者效用函数时，企业产品线设计相关决策均为消费者效用的影响因素。本章将考虑产品差异化程度、销售价格、质量水平和销售渠道对消费者购买决策的影响情况。

特别注意的是，消费者购买行为是一项错综复杂的决策过程，一些消费者在采购过程中并不清楚自己的购买动机，对产品的价值和成本评估也不准确，这就给企业的需求预测带来困难。此时，需求的不确定性会造成风险厌恶型决策者风险成本的增加，增加了企业产品线设计的难度。

2.4 产品线设计主要决策分析

成功的产品线设计策略需要产品制造商具有成熟的生产工艺、产能和完善的物流系统作为支撑。由于企业生产过程中受到资源的约束，因此所提供的产品或者服务并不能满足市场中所有消费者的需求。通过合理的产品线设计以提高产品需求和供给之间的关系是企业面临的关键问题。

与销售单个产品情况类似，企业需要对产品质量、价格、设计、包装和售后服务等因素做出决策，以向市场中提供独特且具有竞争性的产品，除此以外，产品线长度是产品线设计所特有的决策。产品线设计决策变量之间存在相互作用关系，这些变量之间的关系共同决定了企业的最优产品线设计。以下将分别分析四个主要决策变量的影响因素。

2.4.1 产品线长度设计

产品线长度设计是产品线设计的主要内容之一。产品线上产品差异化程度增加能够给企业带来收益，但同时也增加了企业的生产成本和经营风险，因此，产品线设计过程中要权衡产品差异化程度收益和成本。

产品线扩张有横向差异化和纵向差异化两个主要途径。纵向扩张一般指提供不同质量的产品，产品质量越好，消费者的支付意愿越强；而横向扩张则通过提供相同质量水平，但具有不同形状或者不同颜色的产品来实现，消费者不会因为产品之间存在横向差异化而产生不同的效用。以华为 Mate 系列手机为例，手机内存大小可以表现为纵向差异，消费者愿意为更大的容量支付更多；而黑、紫、银三种颜色则可被称作横向差异化，消费者不会因为选择不同的色彩而付出更多的代价。消费者在购买过程中综合考虑横向和纵向差异化所能带来的效用，最终选择最合适的产品特征组合。

1. 产品线扩张的收益分析

首先，产品线扩张是企业低成本扩张的一种方式。推出一种全新的产品时，企业需要投入大量的研发资源，但由于缺乏对新产品市场需求的认知，企业会面临较大的失败风险。企业已有的产品线通常具有一定数量的消费者群体，通过对该市场的调查和分析，从而推出新的产品以提高产品线的差异化程度，可以使产品在满足已有顾客群体的基础上吸引新的消费者，完成企业低风险的市场扩张。

其次，产品线的扩张还能满足不同渠道的销售需求。销售过程中，企业可以利用不同的销售渠道把产品高效地传递到目标消费者手中。分销商的目标销售群体之间存在差异性，产品线扩张有利于制造企业满足不同零售商的需求。与下游企业建立良好的合作关系，有利于制造商的产品获得有利的货架空间，并能提高零售商的销售努力水平，从而扩大产品的市场需求。

最后，产品多样性还能增加供应链的协调性。产品供应链上，企业通常通过自身利润最大化的方式做出产品线设计决策，产品零售商希望通过提高产品线的长度来吸引不同的消费者，而制造商则会承担更多的产品多样性的生产成本。摩根等（Morgan et al.，2001）研究了多样性对营销和运营两者的影响，提出产品线扩张是一种低成本扩张的方式，可以有效地缓解双方之间的矛盾。此外，拉贾戈帕兰和夏（Rajagopalan & Xia，2012）的研究表明，产品线扩张还可以缓解产品零售商之间的价格竞争，降低双边际效应带来的影响，从而提高供应链整体的有效性。

2. 产品线扩张的成本分析

产品线扩张在给企业带来收益的同时也提高了经营风险，增加了企业甚至整个产品供应链的经营成本和管理难度。产品线扩张增加了供需协调成本、差异化成本和供应链运作协调成本。

（1）供需协调成本。企业扩张产品线使产品的提前期加长（Alptekinoglu & Corbett，2010），产品需求的不确定性增强，产品之间的供需不匹配成本增加。产品线扩张会对已有产品需求产生挤兑作用，使得产品线上产品的需求不确定性增强，进一步增加了企业需求预测的难度。不确定性给企业原材料采购带来新的挑战。采购种类的增多增加了供应商生产的难度，容易导致产能投资不合理的问题。若供应商无法快速响应制造商的原材料需求，将导致制造商生产中断，从而不能及时响应消费者的需求；而产能过剩又会导致企业多余的资金被占用，影响现金流动率。

（2）差异化成本。产品线上的产品差异化使得产品线管理、生产和库存三方面成本增加。首先，产品线上新老产品的生产、供应计划增加了企业内部的管理成本。企业需要投入更多的市场调研成本，更新产品的需求；投入研发成本，更新已有产品线，维持产品线创新性的品牌形象；产品的引入阶段，宣传新产品的创新性和差异性有利于消费者对产品线有一个清晰的认识。其次，产品线的扩张和更新增加了产品生产的复杂性，不同产品生产过程中会产生转换成本，而不同的原材料购买也影响了原材料购买过程中的规模经济。对制造商而言，产品线的设计与企业已有资源情况息息相关，评估企业已有的设备资源、人力技能是否可以满足新产品的设计和生产非常重要。若企业的资源约束产品线的发展，则企业需要投入额外的生产成本来支撑产品线的优化。最后，差异化库存成本主要体现在原材料库存和产成品库存两个方面。需求不确定性会使供应链上产生牛鞭效应，导致产成品库存的不合理配置。积压库存将导致供应链上企业产生产品处理成本；若产品供应不能满足市场需求，则会影响单个产品甚至整个产品线的绩效。差异化也给原材料的采购带来很大的冲击，差异化生产影响原材料采购规模经济的同时也增加了原材料库存的风险成本。

（3）供应链协调成本。产品线扩张满足了产品制造商扩大市场份额的要求，同时也帮助零售商吸引顾客和缓解价格竞争。但是，产品多样性所带来的需求不确定性对产品供应链参与方提出了更高的要求。供应链承载着两种功能：实体性功能和市场调节功能。企业的决策受供应链上下游企业的影响，风险厌恶型的参与人会产生风险成本，这种参与人行为增加了企业决策的难度。不同风险厌恶程度的企业扩张产品线的动机有所不同，因此，有必要考虑这部分成本的影响。供应链成员之间需要更多的协调以便达到市场调节的功能，这使得供应链运作成本增加。

产品线的更新增加了制造企业内部各部门之间的协调难度。虽然企业内部每个部门均为企业利润最大化服务，但是不同部门之间工作的侧重点和目标具有差异性。产品相关部门，如设计研发部门、市场调研部门、原材料采购部门等只有相互合作、加快信息在内部的传递才能根据市场环境提供高效的产品和服务。产品多样性同时也改变了供应链上下游企业之间的一些管理模式，增加了供应链参与企业之间的运作协调成本。多样性产品的生产增加了原材料及时供应的难度。与上游供应商交互过程中，多样性产品之间的替代性使得双方的产品库存和定价问题变得复杂；零售商的销售过程中，在产品有限的生命周期内消费者感知到的产品差异性和实际产品差异性对产品的销售有重要影响；产品生命周期结束后，多样性产品的回收需要完善的逆向物流作为支撑。供应链参与企业之间的相互协调，虽然能够适当地缓解产品线扩张所带来的负面影响，但是也增加了参与企业之间的协调成本。

2.4.2　产品质量

消费者购买产品所获得的效用随着产品质量水平的增加而提高，企业可以通过提高产品质量来增加消费者的满意度。然而，高质量水平意味着高额的生产成本和销售价格。产品市场需求会因为零售价格的增加而缩减，如何调节产品质量水平和销售价格之间的关系是本书将要探索的重要问题。此外，纵向差异化的产品线上，产品之间的质量差异化程度对不同产品的市场需求有何种影响也是本书要解决的重要问题。

2.4.3 产品线定价

产品价格是影响消费者购买行为的重要变量，合理的产品线定价能够反映出产品生产成本的变化，以及产品需求的变化，是产品线设计的重要决策内容之一。

产品的销售价格受到生产、库存成本以及消费者对产品价值的感知水平等因素的影响。产品销售价格必须低于消费者所感知到的产品价值，又高于企业的生产成本，才能使买卖双方均从产品中获利。产品线上不同产品的生产成本和差异化特征使得产品销售价格之间存在差异，而产品之间的替代性使得产品定价变得复杂。如何使产品线定价和产品之间差异化程度相辅相成，为企业利润最大化服务是决策过程中面临的重点和难点，也是下文要解决的关键问题。

产品线设计过程中，如何在不同的渠道中制定合理的销售价格，以及当市场中存在竞争者时，考虑竞争者的定价策略对企业产品线定价影响也是研究亟待解决的问题。

2.4.4 销售渠道

社会分工背景下，很少有企业单独完成从产品原材料采购到产品销售的全过程，大部分企业的成功运作依赖产品供应链上企业之间的合作与协调。供应链上的成员具有独立的经营权，各自存在不同的经营特点和目标，成员之间的相互作用最终决定了供应链的整体绩效。由于供应链上成员之间的利益存在冲突，而每个成员又都追求自己的利润最大化，因此导致供应链绩效低于供应链作为一个整体时的最优绩效。供应链中的双边际效应使得企业望而却步，依然选择集中的渠道销售产品。产品线中产品差异化程度增加对企业销售渠道选择有何种影响是本书要解决的一个重点。此外，在不同的经营环境中，竞争因素和不确定因素是否会改变企业的渠道选择？这也是需要明确的一个问题。

此外，产品线设计决策还包括一些其他因素，例如，产品推出时间不同会影响消费者对产品多样性的感知，不同的产品推出时间可以缓解产品之间的需求挤兑效应，等等。

2.5　本 章 小 结

宏观经济环境的变化和科学技术的快速更新，使得企业向市场中推出多样化产品已经成为一种必然趋势。随着可持续发展政策的深入，很多企业陆续推出再制造产品扩张已有产品线，提高了产品的多样性程度。又因为企业决策受到产品供应链中利益相关者的影响，因此，在供应链环境中考虑产品线的设计决策问题非常有必要。

企业提供产品是为了更好地满足消费者的需求，同时也受制于企业自身的资源，降低产品供给和需求之间的不匹配程度是产品线设计的关键问题。本章首先分析了消费者购买行为的五个关键步骤，又在此基础上分析了影响消费者购买决策的主、客观因素。其次，指出产品线设计是一个动态的过程，在产品的设计和推向市场方面，要注意增加产能利用的有效性，产品之间的相互作用。基于对产品需求和企业供给能力的认识，分析企业产品线设计的四个主要内容——产品线长度、产品定价、质量决策和销售渠道决策，并指出关注决策变量之间相互关系的重要性。

第3章 考虑参与人风险偏好的产品线扩张决策

企业通过扩张产品线能够提供多样化产品，满足不同消费者的购物需求，从而扩大市场份额，然而，新产品的引入增加了企业的运营管理难度，相关风险成本随之增加。此时，考虑参与人风险厌恶程度对供应链中企业决策的影响非常必要。本章将首先考虑制造商和零售商风险厌恶程度对产品线扩张策略的影响；其次，将在不同的渠道中比较并分析渠道结构和参与人风险厌恶程度对产品线扩张策略之间的交互作用；最后，分析内生化产品质量对制造商产品线扩张决策的影响。

3.1 问题背景

产品线扩张能够满足消费者多样性需求，扩大市场份额，是企业增加销售收入的有效途径之一。现实生活中，很多企业通过扩张产品线的方法来提高市场需求，以获取竞争优势。宝洁公司洗发水产品线包括六种品牌，其功能和质量水平可以满足市场中大部分消费者的需求；可口可乐公司生产的饮品多达 14 种；耐克公司也不断地更新自己的运动鞋和服饰产品线。然而，产品线扩张也给企业经营管理带来了一些新的挑战。首先，推出新产品会给原有老产品的销售量和盈利水平带来冲击。其次，新产品的引入需要企业进行相关技术和研发的投入，还包括产能和渠道的建立成本，等等。最后，在生产和库存管理方面，相比于单产品，产品线的扩张削弱了原本产品线中存在的规模经济效应。由此可知，企业在优化产品线长度过程中要关注产品线扩张带来的销售利润和运营成本之间的均衡。

产品线扩张时，新产品在研发、生产和销售过程中均会产生多种成本，包括产品的生产成本、质量成本、固定研发成本、渠道建立成本等。不同的成本结构会导致不同的产品线设计决策。生产过程中单位生产成本形式与产品线扩张方式有关，横向扩张过程中多采用固定的生产成本（Gaur & Horthon，2006；Aydin & Porteus，2008）或假设单位生产成本为零（Liu & Cui，2010）。纵向差异化决策过程中，单位生产成本则多表示为产品质量水平的凸函数（Desai et al.，2001）。钱（Qian，2011）分析了不同产品研发成本表达方式与市场因素之间的相关性，其中成本形式包括有固定单位生产成本的开发密集型产品、既有边际生产成本又有固定生产成本的产品，以及边际开发密集型产品。研究表明企业应该针对不同的市场规模和消费者敏感度，采用不用的研发和生产方案。克里希南和朱（Krishnan & Zhu，2006）研究了既有固定研发成本又有单位变动成本时企业的产品线设计问题，并指出不同于单位变动成本密集型产品开发策略，只有当低端产品具有不同于高端产品的独特特征时，企业才能够从多样化中获利。刘和崔（Liu & Cui，2010）把新产品引入过程中产生的研发成本、库存成本和渠道成本看成一个固定的值，并在此基础上考虑产品线横向扩张决策。此外，他们的研究也给出分散渠道下产品线扩张但集中渠道中制造商不扩张时该固定成本的变动范围。本章假设制造商扩张产品线需要投入一定的固定成本，主要分析制造商能接受的固定成本最大值，以及相关运营或市场因素对该值的影响情况。

企业经营所在的宏观环境中，经济生命周期、政治经济局势、社会变革、环境变化等因素会给企业运营带来不确定性。此外，宏观环境的变化也直接影响着消费者的购买行为，进一步加强了经营环境的不确定性。全球化经济背景下，随着经济和科技的迅猛发展，企业的经营过程更加复杂，经营难度日益增加。对于产品线制造商而言，企业扩张产品线不仅意味着生产、库存等成本的增加，同时，也使得企业面对更强的不确定性，从而增加经营过程中的风险。产品线扩张过程中风险主要体现在以下三个方面：其一，新产品初次投入市场时，企业难以预测消费者的购买行为，新产品需求具有高度的不确定性；其二，新产品会对产品线上已有产品产生市场挤兑效应，这种效应同样会由于新产品需求的不确定性而产生难以预测的波动；其三，产品线扩张需要投入新的产能和研发技术，由于科技进步速度快，且企业的技术投资成本高，因此，错误的研发方向将给企业带来巨大的沉没成本。风险因素的共同作用常常使得制造企业在产品线扩张决策面前变得更加谨慎。例如，生物制造行业中很多企业不愿意投入大量的研发成本以推出需求高度不确定性的新产品。由此可以看出，企业采取差异化战略还是专 战略不仅与企业资源密切相关，同时受不确定性的影响。不同的决策者面对相同的环境会做出不同的产品线设计决策，这取决于决策者的风险态度。供应链中参与人的风险态度在决策过程中有重要的作用（Tsay，2002），有效的风险管理是企业竞争优势的主要来源之一（Lee & Ulferts，2011；Thun et al.，2011）。面对产品线扩张产生的风险，不同风险态度的参与人对待相同决策问题时往往有不同结论，因此，风险是产品线扩张决策过程中一个重要的影响因素。考虑参与人的风险态度对产品线最优长度的设计是企业决策的关键问题，也是供应链管理理论研究领域一个非常重要的课题，本章将主要关注制造商的产品线扩张区间受到参与人风险厌恶程度和产品替代性的交互影响作用。

已有的一些研究仅从制造商的角度研究产品线的扩张决策，并分析自身风险厌恶系数对最终决策的影响情况。然而，产品销售过程中，制造商往往通过不同的销售渠道销售最终产品。若制造商选择通过零售商销售产品，两个企业会为了自身利润最大化做出影响供应链整体利益的决策。产品线扩张增强了产品需求之间的相互作用，使得双方的决策变得更加复杂。加之，不确定的经营环境使企业产生风险成本，进一步影响供应链中的产品线扩张决策。零售商的风险厌恶程度将直接影响到其是否愿意销售来自制造商的所有产品，产品的零售价格和市场需求也会对制造商的最终产品线设计决策产生影响。因此，产品线设计过程中从供应链的角度出发，考虑决策主体之间的交互作用十分重要（Whalley，2011），能够提高决策的有效性，从而达到提高企业利润的目的。本章的重要研究内容之一是分析风险厌恶型的供应链参与人之间的相互作用，并考虑产品线扩张决策和产品销售渠道之间的关系。

消费者在购买产品时，不仅会考虑产品的销售价格，同时会考虑产品的质量水平。高质量的产品能够给消费者带来更大的效用，进一步扩大企业的市场份额，以获取更高的边际利润。然而，高产品质量通常伴随着更多的质量相关成本。因此，制造商的产品线设计问题不仅涉及产品线长度、产品销售价格，产品质量水平也非常重要。高质量产品需要企业投入更多的研发成本和更高的单位生产成本。不同的质量决策会影响产品的售价，进而影响产品线上产品之间的竞争程度。制造商决策过程中，关注各项决策变量之间的相互作用关系，从而得到最优的产品线设计也是本章要探索的重点内容之一。

首先，通过建立斯坦伯格博弈模型，研究分散供应链中风险厌恶型制造商的产品线扩张决策，其中，产品零售商同样为风险厌恶型参与人，制造商为斯坦伯格博弈模型的领导者，决定是否在销售现有产品的基础上添加具有替代性的新产品以扩张产品线；其次，通过与集中供应链中均衡解比较，以探索渠道结构对产品线设计的影响；最后，产品质量水平影响消费者的效用，通过内生化的质量设计，分析制造商的扩张动机是否受产品质量相关因素的影响。

3.2　基本模型

基本模型建立在一个产品制造商和一个零售商组成的供应链中，

制造商通过零售商销售产品，两个参与人均是风险厌恶型。制造商在生产原有产品（产品1）的同时，考虑是否要引入一个具有替代性的产品（产品2）来扩张产品线，即分析了横向差异化的产品线扩张决策。基本模型中，通过建立斯坦伯格博弈模型研究供应链中参与人的风险厌恶系数以及产品替代性对产品线扩张的影响情况。

产品销售市场由一群同质的消费者构成，其效用函数由代表性消费者效用表示（Ingene & Parry，2004；Xiao et al.，2012）。当制造商提供两种产品时，代表性消费者的效用函数为：

$$U^T = (a + \varepsilon_1)q_1 - q_1^2/2 + (a + \varepsilon_2)q_2 - q_2^2/2 - dq_1q_2$$
$$- p_1q_1 - p_2q_2, \ 0 < d < 1 \tag{3-1}$$

用上标"T"表示两个产品，其中，a 为消费者对产品的评价系数。产品购买过程中，消费者对产品偏好并非完全确定的，此处用 ε_i 表示消费者对产品 i（$i = 1$，2）评估的不确定性系数，其中 ε_1 和 ε_2 是均值为0、方差为 σ^2 独立同分布（i.i.d）随机变量。为了更好地描述参与人风险厌恶程度和产品替代性对产品线设计的影响，此处假设消费者对两个产品具有相同的评价系数。很显然消费者对产品2的评价系数越高，制造商扩张产品线的动机就越高，因此，该假设并不影响模型的管理启示。d 为消费者评价两个产品的交叉效应，反映了产品之间的替代性（$0 < d < 1$）。

代表性消费者决定订货量（q_1，q_2）来最大化效用函数式（3-1），由于 $0 < d < 1$，可以得到效用函数式（3-1）是（q_1，q_2）的凹函数。解其一阶条件 $\partial U^T / \partial q_1 = 0$ 和 $\partial U^T / \partial q_2 = 0$ 可以得到：

$$q_i^T = \frac{a(1-d) + \varepsilon_i - d\varepsilon_j - p_i + dp_j}{1 - d^2}, \ i, \ j = 1, \ 2, \ j \neq i \tag{3-2}$$

由此可以看出，消费者对两个产品评估的不确定性（ε_i）对市场需求有交叉作用,这种交叉作用对产品线的扩张有非常重要的影响。此外,产品差异化系数(d)既影响市场规模又影响需求的不确定性,从而进一步影响产品线的扩张策略。如果两个产品之间是完全差异化的($d=0$),则两个产品的需求函数式(3-2)与单产品情况相同[见式(3-4)]。由于产品差异化影响消费者的购买行为,本书将关注产品差异化程度对产品线扩张决策的影响。

若制造商只提供原有产品 1,即产品 2 的数量为 0 时,从式(3-1)可以得出代表性消费者的效用为:

$$U^S = (a + \varepsilon_1)q_1 - q_1^2/2 - p_1q_1 \qquad (3-3)$$

该效用函数为 q_1 的凹函数。此处用上标"S"表示单产品,解其一阶条件 $\partial U^S/\partial q_1 = 0$,可以得出产品的市场需求:

$$q_1^S = a + \varepsilon_1 - p_1 \qquad (3-4)$$

由式(3-2)、式(3-4)可以看出,确定性情况下,单产品和两产品的总市场规模分别为 a 和 $2a/(1+d)$。因此,当两个产品同质时($d=1$),市场总规模与单产品时相同。由此可以看出,制造商可以从产品的差异化中获益,特别地,产品的差异化程度越大(产品的替代性 d 越小)两个产品的总市场规模越大,现实生活中也能看到差异化产品增加产品总需求的情形。

面对需求的不确定性,供应链的参与方有多种库存管理的方式。报童模型中,零售商承担需求不确定性带来的库存持有和损失成本。随着库存管理方式的改革、信息技术的进步和市场竞争程度的加剧,越来越多的制造商具有更高的反应能力和灵活的产能以更好应对需求的不确定性。例如,宝洁公司可以通过供应商管理库存(VMI)模式更好地做出需求预测,从而满足沃尔玛的需求。服装业对潮流性和快速响应能力要求高，因此，已经普遍使用快速响应的管理方式。本章在制造商具有快速响应能力，可以承担需求不确定风险的背景下，研究产品线设计问题。假设两个参与人都必须在需求不确定性显现之前做出自己的决定。

类似于刘和崔（Liu & Cui，2010）固定生产成本的表述方式，此处，同样假设制造商生产新产品时需要投入固定成本 F，包括新产品的研发、生产、销售、产能建立等成本。不同于以上文献的是，本书在产品生产过程中既考虑生产固定成本又考虑单位生产成本。此外，由于参与人均为风险厌恶型，所以，参与人的成本还包括风险成本。记产品 $i(i=1,2)$ 的零售价格为 p_i，单位批发价格为 w_i，销售数量为 q_i。由于产品 2 的单位生产成本越高，制造商提供产品 2 的动机越低，因此，假设两个产品的生产成本相等。又因为消费者对两个产品的质量评价系数、产品的单位成本均相同，而生产产品 2 需要投入固定的成本，制造商不愿意只提供产品 2 而放弃产品 1。因此，制造商仅有两个策略集，只提供产品 1，或者扩张产品线从而提供产品 1 和产品 2。

类似于哈菲扎尔科托布等（Hafezalkotob et al.，2011）、肖和杨（Xiao & Yang，2008）的研究，此处，用均值—方差法描述参与人的风险偏好。具体而言，制造商制造单个产品时，零售商的不确定收益为 $\tilde{\pi}_r^S = (p_1 - w_1)q_1^S$，零售商通过确定零售价格 p_1 来最大化自己的效用函数：

$$u_r^S = E(\tilde{\pi}_r^S) - \lambda_r Var(\tilde{\pi}_r^S)/2 = (p_1 - w_1)(a - p_1) - \lambda_r(p_1 - w_1)^2\sigma^2/2 \tag{3-5}$$

其中，$\lambda_r(\geq 0)$ 表示零售商的风险厌恶系数。式（3-5）中最后一项表示零售商的风险成本。

制造商的利润函数为 $\tilde{\pi}_r^S = (w_1 - c) q_1^S$，可以得出制造商的效用函数：

$$u_m^S = (w_1 - c)(a - p_1) - \lambda_m (w_1 - c)^2 \sigma^2 / 2 \qquad (3-6)$$

当制造商制造两种产品（用上标 T）时，记零售商处第 i 个产品的收益为 $\tilde{\pi}_{ri}^T$，零售商的总收益函数为 $\tilde{\pi}_r^T = \tilde{\pi}_{r1}^T + \tilde{\pi}_{r2}^T = (p_1 - w_1) q_1^T + (p_2 - w_2) q_2^T$，效用函数为：

$$u_r^T = E[\tilde{\pi}_{r1}^T + \tilde{\pi}_{r2}^T] - \frac{\lambda_r}{2} Var[\tilde{\pi}_{r1}^T + \tilde{\pi}_{r2}^T]$$

$$= E[\tilde{\pi}_{r1}^T] + E[\tilde{\pi}_{r2}^T] - \frac{\lambda_r}{2}(Var[\tilde{\pi}_{r1}^T] + Var[\tilde{\pi}_{r2}^T]$$

$$+ 2E[(\tilde{\pi}_{r1}^T - E[\tilde{\pi}_{r1}^T])(\tilde{\pi}_{r2}^T - E[\tilde{\pi}_{r2}^T])])$$

$$= (p_1 - w_1) \frac{a(1-d) - p_1 + dp_2}{1 - d^2} + (p_2 - w_2) \frac{a(1-d) - p_2 + dp_1}{1 - d^2}$$

$$- \frac{\lambda_r \sigma^2}{2(1 - d^2)} \frac{(1 + d^2)[(p_1 - w_1)^2 + (p_2 - w_2)^2] - 4d(p_1 - w_1)(p_2 - w_2)}{(1 - d^2)}$$

$$(3-7)$$

这里，在求方差时要特别注意，$\tilde{\pi}_r^T$ 是 ε_1 和 ε_2 的函数和。

同样地，可以得到制造商的效用函数：

$$u_m^T = (w_1 - c) \frac{a(1-d) - p_1 + dp_2}{1 - d^2} + (w_2 - c) \frac{a(1-d) - p_2 + dp_1}{1 - d^2}$$

$$- \frac{\lambda_m \sigma^2}{2(1 - d^2)} \frac{(1 + d^2)[(w_1 - c)^2 + (w_2 - c)^2] - 4d(w_1 - c)(w_2 - c)}{(1 - d^2)} - F$$

$$(3-8)$$

从式（3-7）、式（3-8）可以看出，产品差异化通过产品的需求影响参与人的风险成本，进而影响企业决策。

参与人的博弈顺序如下：

（1）制造商首先决定是否扩张产品线；若不扩张产品线，则确定批发价格 w_1，若扩张产品线，则确定两个产品的批发价格 w_1 和 w_2。

（2）观察到制造商的决策后，零售商决定产品的零售价格 p_1 或者产品线扩张时两个产品的零售价格 p_1 和 p_2。

利用逆向归纳法，可以得到子博弈的纳什均衡（SPNE）。

3.3 均衡结果分析

3.3.1 单产品下的均衡解

由式（3-5）、式（3-6），可以得出制造商只提供产品 1 时的情况。

引理 3.1 制造商只提供一种产品时，均衡价格为 $w_1^{S*} = c + (a-c)(1+\lambda_r\sigma^2)/B_1$，$p_1^{S*} = c + \dfrac{(a-c)[B_1+(1+\lambda_r\sigma^2)^2]}{B_1(2+\lambda_r\sigma^2)}$。制造商的效用为 $u_m^{S*} = \dfrac{(a-c)^2(1+\lambda_r\sigma^2)^2}{2B_1(2+\lambda_r\sigma^2)}$，其中，$B_1 = 2 + 2\sigma^2(\lambda_r+\lambda_m) + \lambda_r\lambda_m\sigma^4$。

证明：求 u_r^S 关于 p_1 的二阶导数有 $\partial^2 u_r^S/\partial p_1^2 = -(2+\lambda_r\sigma^2) < 0$，所以 u_r^S 为 p_1 的凹函数。求解 u_r^S 关于 p_1 的一阶条件 $\partial u_r^S/\partial p_1 = 0$，可以得到零售商的反应函数为 $p_1^S(w_1) = \dfrac{a+w_1(1+\lambda_r\sigma^2)}{2+\lambda_r\sigma^2}$。把零售商的

反应函数代入制造商的效用函数式（3-6）中，可以得到 $u_m^S(w_1) =$ $\dfrac{(a-w_1)(w_1-c)(1+\lambda_r\sigma^2)}{2+\lambda_r\sigma^2} - (w_1-c)^2\lambda_m\sigma^2/2$。容易验证 $u_m^S(w_1)$

为 w_1 的凹函数，求其一阶条件 $\mathrm{d}u_m^S(w_1)/\mathrm{d}w_1 = 0$，可以得到制造商的

最优批发价格 $w_1^{S*} = c + \dfrac{(a-c)(1+\lambda_r\sigma^2)}{2+2\sigma^2(\lambda_r+\lambda_m)+\lambda_r\lambda_m\sigma^4}$。把最优批发价格分

别代入零售商的反应函数 $p_1^S(w_1)$ 和制造商的效用函数式（3-6），可以得到均衡的零售价格和效用函数。

由引理 3.1 可以得出，零售商的风险厌恶程度（λ_r）增加时，零售商会降低零售价格以减少风险成本，同时制造商会提高批发价格，此时零售商的单位收益将降低而制造商的单位收益则增加。零售商的风险成本增加，制造商不仅没有降低批发价格来补偿零售商的损失，反而提高批发价格。这是因为，零售价格降低会扩大产品的市场需求，若提高批发价格，制造商就可以从中获取更多的利润。当制造商的风险偏好系数增加时，制造商会降低批发价格来激励零售商订购产品，由于采购成本降低零售商也会降低零售价格以扩大市场需求。

3.3.2　两个产品情况下的均衡解

由式（3-7）、式（3-8），可以得到两个产品情况下的均衡解，由引理 3.2 给出。

引理 3.2　制造商生产两种产品时，均衡价格为 $w_i^{T*} = c + (a-c)$ $(1+d)(1+d+\lambda_r\sigma^2)/(B_1+B_2)$，$p_i^{T*} = \dfrac{(a-c)(1+d)[B_1+B_2+(1+d+\lambda_r\sigma^2)^2]}{(B_1+B_2)(2+2d+\lambda_r\sigma^2)} + c$。

均衡解下，制造商的效用为 $u_m^{T*} = \{2(a-c)^2(1+d+\lambda_r\sigma^2)^2[B_1+$

$B_2 - (1+d)(1+d+\lambda_r\sigma^2)]\}/[(B_1+B_2)^2 \times (2+2d+\lambda_r\sigma^2)] - [(a-c)^2\lambda_m\sigma^2(1+d+\lambda_r\sigma^2)^2]/(B_1+B_2)^2 - F$，其中 $B_2 = 2d^2 + 4d + 2d\sigma^2(\lambda_m + \lambda_r)$。

证明：零售商效用函数 u_r^T 关于零售价格（p_1，p_2）的海塞矩阵为

$$\frac{1}{(1-d^2)^2} \times \begin{pmatrix} -2(1-d^2) - \lambda_r\sigma^2(1+d^2) & 2d(1-d^2+\lambda_r\sigma^2) \\ 2d(1-d^2+\lambda_r\sigma^2) & -2(1-d^2) - \lambda_r\sigma^2(1+d^2) \end{pmatrix}$$

由 $\dfrac{(2+\lambda_r\sigma^2)^2 - 4d^2}{(1-d^2)^2} > 0$，由于，$0 < d < 1$，海塞矩阵为负定矩阵。解一阶条件 $\partial u_r^T/\partial p_1 = 0$ 和 $\partial u_r^T/\partial p_2 = 0$ 关于（p_1，p_2）的解，可以得到零售商的反应函数，$p_i(w_1, w_2) = $

$$\frac{a(1+d)(2-2d+\lambda_r\sigma^2) + w_i(2-2d^2+3\lambda_r\sigma^2+\lambda_r^2r^2\sigma^4) - dw_j\lambda_r\sigma^2}{(2+\lambda_r\sigma^2)^2 - 4d^2},$$

$j \neq i$，把 $p_i(w_1, w_2)$ 代入式（3-8），可以得到 $u_m^T(w_1, w_2)$。由 $0 < d < 1$，容易证得 $u_m^T(w_1, w_2)$ 是（w_1，w_2）的凹函数。解一阶条件 $\partial u_m^T(w_1, w_2)/\partial w_1 = 0$ 和 $\partial u_m^T(w_1, w_2)/\partial w_2 = 0$ 关于（w_1，w_2）的解，可以得到最优批发价格 $w_i^{T*} = c + (a-c)(1+d)(1+d+\lambda_r\sigma^2)/(B_1+B_2)$。

由此，可以进一步得到最优零售价格和制造商的均衡效用。

由引理 3.2 可知，两个产品情况下制造商的风险厌恶系数对价格的影响与单产品下类似。参与人风险厌恶情况下，产品的零售价格和批发价格均随着产品之间替代系数的增加而增加，这不同于现实中的情况。一般情况下，当产品之间替代性增强时，产品之间的竞争变得激烈，零售商降低价格以缓解产品之间的竞争。然而，决

策者为风险厌恶型时，产品之间替代系数增加，即新产品与原有产品的相似性越强，企业所面临的风险成本越低，从而提高销售价格（正面效应）。产品替代性增加带来的正面效应大于负面效应时，销售价格随着替代性的增加而提高。

为了更好地理解产品线扩张策略，此处将通过定理 3.1 给出产品线扩张前后均衡解的比较经济静态分析。

定理 3.1　（ⅰ）制造商和零售商均为风险中性时（$\lambda_r = 0$，$\lambda_m = 0$），$w_1^{S*} = w_i^{T*}$ 且 $p_1^{S*} = p_i^{T*}$；（ⅱ）制造商是风险中性时（$\lambda_m = 0$），$w_1^{S*} = w_i^{T*}$ 且 $p_1^{S*} < p_i^{T*}$；（ⅲ）零售商是风险中性时（$\lambda_r = 0$），$w_1^{S*} < w_i^{T*}$，$p_1^{S*} < p_i^{T*}$。

证明：$\lambda_m = 0$ 时，$p_1^{S*} - p_i^{T*} = -\dfrac{(a-c)d\lambda_r\sigma^2}{2(2+\lambda_r\sigma^2)(2+2d+\lambda_r\sigma^2)} < 0$，类似的，可以得到其他结论。

由定理 3.1 可知，参与人均为风险中性时，风险成本为零。产品价格不受产品之间的替代性影响，仅受产品市场规模和生产成本影响。且产品线扩张不影响最终产品的价格决策，这是因为产品线扩张的同时，产品的销售市场也随之增大。产品线扩张是否影响批发价格取决于制造商的风险厌恶程度。市场上有两个产品时，一方面，产品线扩张以后，市场规模随之增加，价格随之提高（正面效应）；另一方面，产品线扩张以后，产品之间的竞争使得产品价格降低（负面效应）。当制造商为风险厌恶型时，产品线扩张带来的正面效应大于负面效应，产品批发价格更高。

定理 3.1 给出了仅有一个参与人为风险厌恶型时，产品线扩张对产品零售价格和批发价格的影响情况。两个参与人均为风险厌恶型时，产品线扩张前后产品均衡价格随着参与人风险厌恶程度的变化情况比较复杂。为了观察均衡价格的变化趋势，此处，用数值算例表示，并由图3-1、图3-2给出。其中参数取值为 $a=20$，$c=2$，$d=0.3$，$\lambda_m = \lambda_r = 1.5$ 和 $\sigma = 1$。

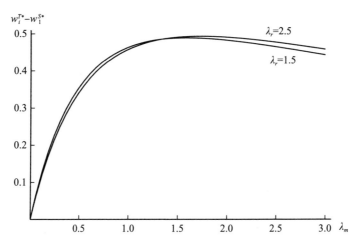

图 3 - 1　批发价格差值受参与人风险厌恶系数的影响

由图3-1可知，考虑参与人风险厌恶情况下，产品线扩张以后产品批发价格大于单产品情况，且其差值随着制造商的风险厌恶系数先增加后减小。由引理3.1和引理3.2可知，产品线扩张前后，批发价格均随着生产商风险厌恶系数的增加而减小。若生产商的风险厌恶系数小于一个值，市场规模和产品竞争变化所带来的影响交互作用使得产品线扩张以后价格随着风险厌恶系数的变化小于单产品情况，即单个产品时批发价格对风险厌恶系数变化更加敏感。而生产商的风险厌恶系数大于一定阈值时，风险成本的增加使得市场规模扩大和竞争带来的影响逐渐均衡，两种情况下批发价格差值随着风险因素的增加逐步接近。从图 3 - 1 还可以看出，制造商的风险厌恶系数改变了零售商风险厌恶系数对批发价格变化情况的影响，同样地，风险厌恶系数对价格和需求的共同作用可以解释这一现象。

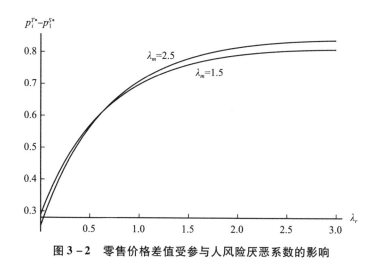

图 3 - 2　零售价格差值受参与人风险厌恶系数的影响

由图 3 - 2 可知，产品线扩张以后零售价格大于单产品情况，且其差值随着零售商的风险厌恶系数的增加而增加。由引理 3.1 和引理 3.2 可知，零售价格随着零售商风险厌恶系数的增加而减小，单产品情况下零售价格对零售商风险厌恶系数的敏感度强。同时可以看出，零售商风险厌恶系数小于一定阈值时，两产品情况下零售价格对制造商风险厌恶系数的变化更为敏感；零售商风险厌恶系数大于一定阈值时，单产品情况下零售价格对制造商风险厌恶系数的变化更为敏感。同样地，参与人风险厌恶系数对价格和需求之间的影响可以解释这一现象。

3.3.3　产品线扩张策略

当且仅当 $u_m^{T*} > u_m^{S*}$ 时，制造商才会扩张其产品线。从引理3.1、引理3.2 中可得 $u_m^{T*} > u_m^{S*}$ 等同于 $F < (a-c)^2 F_1(\lambda_r, \lambda_m)$，其中，

$$F_1(\lambda_r, \lambda_m) = \frac{2B_1 + 2B_2 - 2(1+d)(1+d+\lambda_r\sigma^2) - (2+2d+\lambda_r\sigma^2)\lambda_m\sigma^2}{(B_1+B_2)^2(2+2d+\lambda_r\sigma^2)}$$

$$\times (1+d+\lambda_r\sigma^2)^2$$

$$+ \frac{(1+\lambda_r\sigma^2)^2(2-2B_1+2\lambda_r\sigma^2+2\lambda_m\sigma^2+\lambda_m\lambda_r\sigma^4)}{2B_1^2(2+\lambda_r\sigma^2)}$$

$$(3-9)$$

由该不等式可知，当且仅当固定成本足够低时，制造商才会考虑扩张产品线，即 $0 < F < (a-c)^2 F_1(\lambda_r, \lambda_m)$ 时，制造商才会考虑扩张产品线；$F_1(\lambda_r, \lambda_m) \leqslant 0$ 时，两个产品的销售利润低于单产品的销售利润，制造商不会扩张产品线。制造商的扩张区间 $[0, (a-c)^2 F_1(\lambda_r, \lambda_m)]$ 随着消费者对产品质量的评估系数 (a) 的增加而增加，随着单位成本 (c) 的增加而减小。由 $\partial F_1(\lambda_r, \lambda_m)/\partial d < 0$ 可知，产品之间替代系数越大，产品同质化程度越高，产品线扩张区间越小。

$F_1(0, 0) = (1-d)/[8(1+d)] > 0$，即参与人均为风险中性时，制造商的产品线扩张策略非空。

定理3.2 给出了参与人不同风险类型下产品线扩张区间。

定理3.2　（ⅰ）当 $\lambda_m > \dfrac{4\lambda_r(2+3\lambda_r\sigma^2+\lambda_r^2\sigma^4)}{16+24\lambda_r\sigma^2+15\lambda_r^2\sigma^4+6\lambda_r^3\sigma^6+\lambda_r^4\sigma^8}$ 时，产品线的扩张范围非空，$0 < F < (a-c)^2 F_1(\lambda_r, \lambda_m)$；（ⅱ）零

售商为风险中性时（$\lambda_r = 0$），产品线扩张范围非空；（iii）制造商为风险中性（$\lambda_m = 0$）时，若 $d \in [0, 0.81]$，制造商扩张区间非空；若 $d \in (0.81, 1)$ 且零售商的风险厌恶系数满足 $\lambda_r \in (\lambda_{r1-}, \lambda_{r1+})$ 时，制造商不扩张产品线，其中，$\lambda_{r1\pm}$

$$= \frac{2d^2 + 3d - 3 \pm \sqrt{1 - 10d + 5d^2 + 4d^3 + 4d^4}}{2(1-d)\sigma^2}。$$

证明：（i）若 $F_1(\lambda_r, \lambda_m) > 0$，在 $d \in [0, 1]$ 上恒成立，则制造商的产品线扩张区间非空。因为 $\partial F_1(\lambda_r, \lambda_m)/\partial d < 0$，所以当 $d = 1$ 时，

$F_1(\lambda_r, \lambda_m) =$

$$\frac{\sigma^2 [\lambda_m(16 + 24\lambda_r\sigma^2 + 15\lambda_r^2\sigma^4 + 6\lambda_r^3\sigma^6 + \lambda_r^4\sigma^8) - 4\lambda_r(2 + 3\lambda_r\sigma^2 + \lambda_r^2\sigma^4)]}{2(2 + \lambda_r\sigma^2)(4 + \lambda_r\sigma^2)[2 + 2\lambda_r\sigma^2 + \lambda_m\sigma^2(2 + \lambda_r\sigma^2)]}$$
$$[8 + 4\lambda_r\sigma^2 + \lambda_m\sigma^2(4 + \lambda_r\sigma^2)]$$

由于 $F_1(\lambda_r, \lambda_m)$ 分母大于零，所以，分子大于零，即 $\lambda_m >$

$$\frac{4\lambda_r(2 + 3\lambda_r\sigma^2 + \lambda_r^2\sigma^4)}{16 + 24\lambda_r\sigma^2 + 15\lambda_r^2\sigma^4 + 6\lambda_r^3\sigma^6 + \lambda_r^4\sigma^8}$$ 时，制造商产品线的扩张范围非空；

（ii）$\lambda_r = 0$ 时，$F_1(0, \lambda_m) = \dfrac{1 - d + \lambda_m\sigma^2}{8(1 + \lambda_m\sigma^2)(1 + d + \lambda_m\sigma^2)} > 0$；

（iii）$F_1(\lambda_r, 0) = \dfrac{2 + 3\lambda_r\sigma^2 + \lambda_r^2\sigma^4 - 2d^2(1 + \lambda_r\sigma^2) - d\lambda_r\sigma^2(3 + \lambda_r\sigma^2)}{4(1 + d)(2 + \lambda_r\sigma^2)(2 + 2d + \lambda_r\sigma^2)}$，

分母恒大于零，所以，分子恒大于零时，制造商产品线的扩张范围非空。记分子为 $f_1(\lambda_r)$。

因为 $\dfrac{d^2 f_1(\lambda_r)}{d\lambda_r^2} = 2(1-d)\sigma^4 \geq 0$，解 $f_1(\lambda_r)$ 关于 λ_r 的一阶条件

$\dfrac{\mathrm{d}f_1(\lambda_r)}{\mathrm{d}\lambda_r}=0$，可以得到 $f_1(\lambda_r)$ 的极小值在 $\hat{\lambda}_r=\dfrac{2d^2+3d-3}{2(1-d)\sigma^2}$ 处取得。

若 $\hat{\lambda}_r<0$（$0\leqslant d\leqslant0.69$），$\lambda_r\geqslant0$ 时，$f_1(\lambda_r)$ 为增函数。又，$f_1(0)=2(1-d^2)\geqslant0$ 则 $f_1(\lambda_r)\geqslant0$。即 $F_1(\lambda_r,0)\geqslant0$。

若 $\hat{\lambda}_r\geqslant0$（$1>d>0.69$），求解 $f_1(\lambda_r)=0$，

$1-10d+5d^2+4d^3+4d^4\leqslant0$，即 $d\in(0.69,0.81]$ 时，$f_1(\lambda_r)\geqslant0$ 恒成立；

$1-10d+5d^2+4d^3+4d^4>0$，即 $d\in(0.81,1]$ 时，$f_1(\lambda_r)=0$ 有两个正根，$\lambda_{r1\pm}=\dfrac{2d^2+3d-3\pm\sqrt{1-10d+5d^2+4d^3+4d^4}}{2(1-d)\sigma^2}$，$\lambda_{r1+}$，$\lambda_{r1-}\geqslant0$。所以，$\lambda_r\in(\lambda_{r1-},\lambda_{r1+})$ 时，$f_2(\lambda_r)<0$，制造商不采取产品线扩张策略。

由定理 3.2 可知，制造商和零售商均为风险厌恶型参与人时，产品线的扩张区间大小与双方的风险厌恶系数密切相关。零售商的风险类型对制造商产品线扩张决策非常重要，若零售商为风险中性，则制造商一定会扩张产品线。若制造商为风险中性，其产品线扩张策略与产品替代性和零售商的风险厌恶程度密切相关。由定理 3.1 可知，制造商风险中性时，产品线扩张前后批发价格不发生改变，此时，制造商的效用受产品的需求影响。零售价格随着产品替代系数的增加而增加，因此，产品替代性小时，市场需求大，制造商更加有动机扩张产品线。产品替代性大时，产品替代性和零售商的风险厌恶系数对产品需求的共同作用，使得制造商的扩张动机取决于零售商的风险厌恶系数。

定理 3.3 给出了产品线扩张区间受参与人风险厌恶系数的影响情况。

定理 3.3 （ⅰ）零售商为风险中性时（$\lambda_r = 0$），如果 $d \in (\sqrt{2} - 1, 1]$ 且 $\lambda_m \in [0, \lambda_{m1})$，扩张范围 $0 < F < (a-c)^2 F_1(\lambda_r, \lambda_m)$ 随着 λ_m 的增加而增加，其中 $\lambda_{m1} = [(1+\sqrt{2})d - 1]/\sigma^2$；（ⅱ）制造商为风险中性时（$\lambda_m = 0$），$d \in (0.414, 1]$ 且 $\lambda_r < \lambda_{r3}$ 时，扩张范围随着 λ_r 的增加而减小，其中，$\lambda_{r3} = 2[(1+\sqrt{2})d - 1]/\sigma^2$。

证明：（ⅰ）$\dfrac{\partial F_1(0, \lambda_m)}{\partial \lambda_m} = \dfrac{\sigma^2[d^2 + 2d(1+\lambda_m\sigma^2) - (1+\lambda_m\sigma^2)^2]}{8(1+\lambda_m\sigma^2)^2(1+d+\lambda_m\sigma^2)^2}$

令 $f_2(\lambda_m) = d^2 + 2d(1+\lambda_m\sigma^2) - (1+\lambda_m\sigma^2)^2$，由 $\dfrac{\mathrm{d}f_2(\lambda_m)}{\mathrm{d}\lambda_m} = -2\sigma^2(1 - d + \lambda_m\sigma^2) < 0$ 知，$\lambda_m \geqslant 0$ 时 $f_2(\lambda_m)$ 随着 λ_m 增加而减小。

$f_2(0) = d^2 + 2d - 1 = (d+1)^2 - 2$，当 $d \in [0, \sqrt{2} - 1]$ 时，$f_2(0) \leqslant 0$。又因为 $f_2(\lambda_m)$ 为 λ_m 的减函数，$f_2(\lambda_m) \leqslant 0$，所以 $\dfrac{\partial F_1(0, \lambda_m)}{\partial \lambda_m} \leqslant 0$，即扩张上限为 λ_m 的减函数。

$d \in (\sqrt{2} - 1, 1]$ 时，$f_2(0) > 0$。求 $f_2(\lambda_m) = 0$ 的根，有且仅有一个大于零的根 $\lambda_{m1} = [(1+\sqrt{2})d - 1]/\sigma^2$，$\lambda_m \in [0, \lambda_{m1})$ 时，$f_2(\lambda_m) > 0$；$\lambda_m \geqslant \lambda_{m1}$ 时，$f_2(\lambda_m) \leqslant 0$。

综上所述，$d \in [0, \sqrt{2} - 1]$ 时，$F_1(0, \lambda_m)$ 是 λ_m 的减函数；$d \in (\sqrt{2} - 1, 1]$ 时，若 $\lambda_m \geqslant \lambda_{m1}$，$F_1(0, \lambda_m)$ 是 λ_m 的减函数，若 $\lambda_m \in [0, \lambda_{m1})$，$F_1(0, \lambda_m)$ 是 λ_m 的增函数。

（ⅱ）$\dfrac{\partial F_1(0, \lambda_r)}{\partial \lambda_r} = \dfrac{\sigma^2[(2+\lambda_r\sigma^2)^2 - 4d^2 - 4d(2+\lambda_r\sigma^2)]}{4(2+\lambda_r\sigma^2)^2(2+2d+\lambda_r\sigma^2)^2}$，

令 $f_3(\lambda_r) = (2+\lambda_r\sigma^2)^2 - 4d^2 - 4d(2+\lambda_r\sigma^2)$，求其关于 λ_r 的二阶导 $\dfrac{\mathrm{d}^2 f_3(\lambda_r)}{\mathrm{d}\lambda_r^2} = 2\sigma^6 \geqslant 0$。求一阶条件 $\dfrac{\mathrm{d}f_3(\lambda_r)}{\mathrm{d}\lambda_r} = 0$，有 $\lambda_{r2} = -2(1-$

$d)/\sigma^2 \leqslant 0$。因此，$\lambda_r \geqslant 0$ 时 $f_3(\lambda_r)$ 是 λ_r 的增函数。$f_3(0) = 4\sigma^2 [1 - d^2 - 2d]$。

$0 \leqslant d \leqslant \sqrt{2} - 1$ 时，$f_3(0) \geqslant 0$，所以 $f_3(\lambda_r) \geqslant 0$，$\dfrac{\partial F_1(0, \lambda_r)}{\partial \lambda_r} \geqslant 0$。

$d \in (\sqrt{2} - 1, 1]$ 时，$f_3(0) < 0$。求 $f_3(\lambda_r) = 0$，有唯一正根 λ_{r3}。

又由定理 3.2 可知，$d \in [0, 0.81]$ 时，产品线扩张决策不依赖于 λ_r，所以 $d \in [\sqrt{2} - 1, 0.81]$ 时，若 $\lambda_r \geqslant \lambda_{r3} = 2[(1 + \sqrt{2})d - 1]/\sigma^2$，$f_3(\lambda_r) \geqslant 0$；若 $\lambda_r \in [0, \lambda_{r3})$，$f_3(\lambda_r) < 0$。

$d \in (0.81, 1]$ 时，当且仅当零售商的风险厌恶系数满足 $0 \leqslant \lambda_r < \lambda_{r1-}$ 或 $\lambda_r > \lambda_{r1+}$ 时，产品线扩张，此时，$\lambda_{r3} < \lambda_{r1-}$。所以，$\lambda_{r1-} \geqslant \lambda_r \geqslant \lambda_{r3}$ 或 $\lambda_r > \lambda_{r1+}$ 时，$f_3(\lambda_r) \geqslant 0$；$\lambda_r \in [0, \lambda_{r3})$ 时，$f_3(\lambda_r) < 0$。

由定理 3.3 可知，若零售商为风险中性型参与人，产品线扩张后，产品之间替代系数增加使得产品批发价格和零售价格均增加，而制造商的风险厌恶系数增加使得批发价格降低。此时，当产品替代系数大于一定值，制造商的风险厌恶系数增加使得扩张对价格的影响增加，从而导致扩张区间增加。制造商为风险中性时，风险成本为零，产品线扩张不影响产品的批发价格，却使得零售价格增加，从而造成产品需求降低。此外，产品需求随着零售商风险厌恶系数的增加而增加。此时，若产品替代系数大于一定值时，产品线扩张影响大，扩张区间随着零售商风险厌恶系数的增加而减小。

为了得到更一般的结论，图 3-3 给出了两个参与人均为风险厌恶时，产品线扩张区间随着风险厌恶系数的变化情况。其中参数取

值为 $a=20$ ， $c=2$ ， $d=0.5$ ， $F=14$ 和 $\sigma=1$ 。由图 3－3 可以看出，产品线的扩张区间随着制造商风险厌恶系数先减小后增加，这是由产品线扩张带来的市场规模的增加和风险成本增加两部分共同作用的结果。制造商风险厌恶系数大时，产品线扩张对市场规模的影响作用增强，扩张区间随着风险厌恶系数的增加而增加。制造商风险厌恶系数小于一定阈值时，产品线扩张对市场规模作用小于风险成本，扩张区间随着制造商风险厌恶系数的增加而减小。产品线扩张区间随零售商风险厌恶系数的变化情况与制造商的风险厌恶程度有关。制造商风险厌恶系数小于一定值时，产品线扩张区间随着零售商风险厌恶系数的增加而减小；制造商风险厌恶系数大于一定值时，

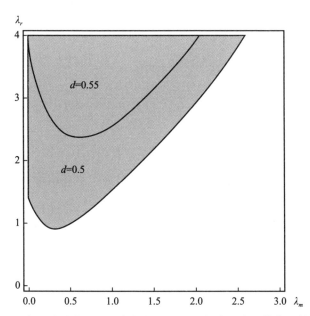

图 3－3　产品线扩张区间受参与人风险厌恶程度和产品替代系数的影响

产品线扩张区间随着零售商风险厌恶系数的增加而增加。由图 3-3
还能看出，产品之间的替代系数增加使得该阈值变大，替代系数增
加意味着新老产品之间的差异化较小，企业所面对的经营风险成本
降低。

3.4　集中情况下的产品线决策

集中化情况意味着制造商需要自己销售产品。因此，在集中情
况下，类似于式（3-5）、式（3-8）可以得出产品线扩张前后渠
道的效用：

$$u_m^{SC} = (p_1 - c)(a - p_1) - \lambda_m(p_1 - c)^2\sigma^2/2 \qquad (3-10)$$

$$u_m^{TC} = (p_1 - c)\frac{a(1-d) - p_1 + dp_2}{1 - d^2} + (p_2 - c)\frac{a(1-d) - p_2 + dp_1}{1 - d^2}$$

$$-\frac{\lambda_m\sigma^2}{2(1-d^2)}\frac{(1+d^2)[(p_1-c)^2 + (p_2-c)^2] - 4d(p_1-c)(p_2-c)}{(1-d^2)} - F$$

$$(3-11)$$

用上标"C"表示集中的情况。类似于引理3.1和引理3.2，可以得

到均衡价格为 $p_1^{SC*} = \dfrac{a + c + c\lambda_m\sigma^2}{2 + \lambda_m\sigma^2}$，$p_i^{TC*} = \dfrac{(a+c)(1+d) + c\lambda_m\sigma^2}{2 + 2d + \lambda_m\sigma^2}$。

与分散情况类似，不考虑风险情况时，产品批发价格不变；存在风
险成本时，产品线扩张使得零售价格提高。进一步地，有均衡效

用，$u_m^{SC*} = \dfrac{(a-c)^2}{4 + 2\lambda_m\sigma^2}$，$u_m^{TC*} = \dfrac{(a-c)^2}{2 + 2d + \lambda_m\sigma^2} - F$。

固定投入成本满足 $F \leqslant (a-c)^2 F_2(\lambda_m)$ 时，制造商扩张产品线，

其中 $F_2(\lambda_m) = \dfrac{(2 - 2d + \lambda_m \sigma^2)}{2(2 + \lambda_m \sigma^2)(2 + 2d + \lambda_m \sigma^2)}$。当且仅当 $F_2(\lambda_m) > 0$ 时，制造商的扩张区间非空。可以验证，集中情况下，产品线扩张区间非空。由定理 3.2 可知，分散渠道中只有当两个参与人风险厌恶系数满足一定条件时，产品线扩张区间才非空。由此可知，在集中情况下，制造商具有更强的产品线扩张动机。

为了分析渠道结构和风险厌恶系数对扩张区间的影响，令 $\Delta F = F_2(\lambda_m) - F_1(\lambda_r, \lambda_m)$。若参与人的风险厌恶系数均为零，有 $\Delta F = \dfrac{1 - d}{8(1 + d)}$，此时，若 $F \in [F_1(0, 0), F_2(0)]$，制造商在集中情况下扩张产品线，而在分散情况下只提供单个产品。参与人风险中性的情况下，产品线的扩张不影响产品的价格，产品线的扩张使得企业的市场规模增加；分散供应链中，双边际效应削弱了产品线扩张带来的优势，从而造成了集中情况下制造商更加有动机去扩张产品线。这与分散供应链中制造商的扩张动机更强的结论（Liu & Cui，2010）相反。用数值算例分析参与人风险厌恶系数的影响，为了保证参数满足产品线的扩张区间非空，参数取值为 $d = 0.3$，$\lambda_m = \lambda_r = 1.5$ 和 $\sigma = 1$。

由图 3-4 和图 3-5 可知，制造商与零售商风险厌恶系数、产品之间替代性和消费者评价不确定性的标准差（σ）增加会导致渠道对产品线扩张决策的影响变小，即这四种因素削弱了分散情况下的双边际效应。制造商风险厌恶系数高时，产品零售价格降低；产品线扩张时，零售价格增加。风险厌恶系数高时，价格的降低幅度更大，从而使得双边际效应带来的影响更小。同样地，可以得到扩张区间受零售商风险厌恶系数变化的趋势。当产品之间的替代系数

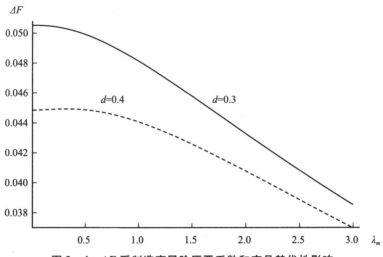

图 3 - 4 **ΔF** 受制造商风险厌恶系数和产品替代性影响

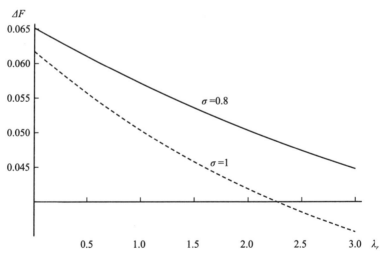

图 3 - 5 **ΔF** 受零售商风险厌恶系数和消费者评价不确定性标准差影响

增加时，产品总市场规模减小，厂商降低价格以激励消费者购买产品；产品之间替代性越强，产品线扩张所带来的风险成本越低，零售价格随之增加。替代系数大时，产品线扩张所产生的价格增幅小于价格激励效应，此时，制造商更偏向于扩张产品线。集中情况下，制造商需要独自承受不确定性所带来的风险成本，所以，消费者评价不确定性的标准差（σ）值越大，集中情况下制造商产品线扩张的动机越小，分散情况下产品线扩张上限与集中情况下越接近。

3.5　产品线中的质量决策

由消费者的效用函数可知，产品质量越高，消费者效用越高，从而产品的市场需求随之增加。本章制造商除了决定是否扩张产品线和产品的价格以外，还需要决定第二个产品（P_2）的质量。此处，假设第二个产品的质量提升水平为 s，制造商需要投入固定成本的同时要付出质量改善相关成本 $\eta s^2/2$，$\eta > 0$，为质量成本因素。消费者对第二个产品的评价系数为 $a + s$。

类似于式（3.2），可以得到制造商扩张产品线时，两个产品的市场需求分别为：

$$\bar{q}_1^T = \frac{a(1-d) - ds + \varepsilon_1 - d\varepsilon_2 - p_1 + dp_2}{1 - d^2},$$

$$\bar{q}_2^T = \frac{a(1-d) + s + \varepsilon_2 - d\varepsilon_1 - p_2 + dp_1}{1 - d^2} \tag{3-12}$$

进一步地，可以得到制造商和零售商的效用函数：

$$\bar{u}_r^T = (p_1 - w_1)\frac{a(1-d) - ds - p_1 + dp_2}{1 - d^2} + (p_2 - w_2)\frac{a(1-d) + s - p_2 + dp_1}{1 - d^2}$$

$$- \frac{\lambda_r\sigma^2}{2(1-d^2)}\frac{(1+d^2)\left[(p_1 - w_1)^2 + (p_2 - w_2)^2\right] - 4d(p_1 - w_1)(p_2 - w_2)}{(1-d^2)}$$

$$(3-13)$$

$$\bar{u}_m^T = (w_1 - c)\frac{a(1-d) - ds - p_1 + dp_2}{1 - d^2} + (w_2 - c)\frac{a(1-d) + s - p_2 + dp_1}{1 - d^2}$$

$$- \frac{\lambda_m\sigma^2}{2(1-d^2)}\frac{(1+d^2)\left[(w_1 - c)^2 + (w_2 - c)^2\right] - 4d(w_1 - c)(w_2 - c)}{(1-d^2)}$$

$$- F - \eta s^2/2 \qquad (3-14)$$

假设质量相关的成本因素足够大，以保证均衡质量的存在。此时，消费者对两个产品的评价不同，制造商有三种决策选择：提供两个产品、仅提供产品 1（P_1）或仅提供产品 2（P_2）。

引理 3.3 产品 2 的质量水平 s^* 满足以下等式，$d[c - w_1(s^*)]$ $(2 - 2d^2 + 4\lambda_r\sigma^2 + \lambda_r^2\sigma^4) - [c - w_2(s^*)][2 + 3\lambda_r\sigma^2 + \lambda_r^2\sigma^4 - d^2(2 - \lambda_r\sigma^2)] + s\eta(1 - d^2)[4d^2 - (2 + \lambda_r\sigma^2)^2] = 0$，单位批发价格为 $w_i^* = w_i(s^*)$；零售价格为：

$$p_1^* = \frac{d(s^* - w_2^*)\lambda_r\sigma^2 + a(1+d)(2 - 2d + \lambda_r\sigma^2) + w_1^*(2 - 2d^2 + 3\lambda_r\sigma^2 + \lambda_r^2\sigma^4)}{(2 + \lambda_r\sigma^2)^2 - 4d^2}$$

$$p_2^* = [(2 - 2d^2 + 3\lambda_r\sigma^2 + \lambda_r^2\sigma^4)w_2^* - dw_1^*\lambda_r\sigma^2 + a(1+d)(2 - 2d + \lambda_r\sigma^2)$$

$$+ s(2 - 2d^2 + \lambda_r\sigma^2)]/[(2 + \lambda_r\sigma^2)^2 - 4d^2]$$

$$w_1(s) = [a(1+d)(1 + d + \lambda_r\sigma^2)(4d^2 + B_1 - B_2) + ds\lambda_m\sigma^2(2 - 2d^2$$

$$+ 2\lambda_r\sigma^2 + \lambda_r^2\sigma^4) + cB_3]/[4d^4 + B_1^2 - 4d^2(B_1 + \lambda_m^2\sigma^4 + \lambda_r^2\sigma^4)]$$

$$w_2(s) = \{a(1+d)(1+d+\lambda_r\sigma^2)(4d^2+B_1-B_2) + s[2d^4+(1+\lambda_r\sigma^2)B_1$$
$$- d^2(2+2\lambda_r\sigma^2+2\lambda_r^2\sigma^4+B_1)] + cB_3\}/[4d^4+B_1^2$$
$$- 4d^2(B_1+\lambda_m^2\sigma^4+\lambda_r^2\sigma^4)]$$

$$B_3 = d^4+2d^3\lambda_m\sigma^2-d^2[4+4\lambda_r\sigma^2+4\lambda_m^2\sigma^4+2\lambda_r^2\sigma^4+3\lambda_m\sigma^2(2+\lambda_r\sigma^2)]$$
$$- d\lambda_m\sigma^2(2+2\lambda_r\sigma^2+\lambda_r^2\sigma^4) + 2(1+\lambda_r\sigma^2)^2+\lambda_m^2\sigma^4(2+\lambda_r\sigma^2)^2$$
$$+ 3\lambda_m\sigma^2(2+3\lambda_r\sigma^2+\lambda_r^2\sigma^4)$$

证明：可以验证 $\bar{u}_r^T$ 为 (p_1, p_2) 的凹函数，求解一阶条件 $\partial\bar{u}_r^T/\partial p_1 = 0$ 和 $\partial\bar{u}_r^T/\partial p_2 = 0$ 关于 (p_1, p_2) 的解，有：

$$p_1(w_1, w_2, s) = \frac{\begin{aligned}&d(s-w_2)\lambda_r\sigma^2+a(1+d)(2-2d+\lambda_r\sigma^2)\\&+w_1(2-2d^2+3\lambda_r\sigma^2+\lambda_r^2\sigma^4)\end{aligned}}{(2+\lambda_r\sigma^2)^2-4d^2}$$

$p_2(w_1, w_2, s) = [(2-2d^2+3\lambda_r\sigma^2+\lambda_r^2\sigma^4)w_2-dw_1\lambda_r\sigma^2+a(1+d)$ $(2-2d+\lambda_r\sigma^2)+s(2-2d^2+\lambda_r\sigma^2)]/[(2+\lambda_r\sigma^2)^2-4d^2]$。

把零售商的反应函数代入式（3-14）有 $\bar{u}_m^T(w_1, w_2, s)$。因为 $0 < d < 1$，所以 $\bar{u}_m^T(w_1, w_2, s)$ 是关于 (w_1, w_2) 的凹函数，求解其关于 (w_1, w_2) 的一阶条件，有 $w_1(s)$ 和 $w_2(s)$。$\bar{u}_m^T[w_1(s), w_2(s), s]$ 关于 s 的一阶条件等价于

$$d[c-w_1(s)](2-2d^2+4\lambda_r\sigma^2+\lambda_r^2\sigma^4) - [c-w_2(s)][2+3\lambda_r\sigma^2$$
$$+ \lambda_r^2\sigma^4-d^2(2-\lambda_r\sigma^2)] + s\eta(1-d^2)[4d^2-(2+\lambda_r\sigma^2)^2] = 0$$。

因此，可知均衡的质量水平 s^* 满足以上一阶条件。

把均衡解代入式（3-14），可以得到制造商的均衡效用 $\bar{u}_m^{T*}$。当制造商只提供产品 2 时，均衡效用为：

$$\bar{u}_{m2}^{S*} = \frac{(a-c)^2\eta(1+\lambda_r\sigma^2)^2}{2\{\eta(2+\lambda_r\sigma^2)[2+2\lambda_r\sigma^2+\lambda_m\sigma^2(2+\lambda_r\sigma^2)]-(1+\lambda_r\sigma^2)^2\}} - F$$

定理 3.4 当产品 2 的质量改善水平为决策变量时，可以得到以下结论：（ⅰ）质量的内生化使得制造商扩张动机增强；（ⅱ）质量的成本相关系数不高时，制造商扩张产品线或者只提供产品 2。

证明：（ⅰ）$\dfrac{\partial^2 \bar{u}_m^T(w_1(s), w_2(s), s)}{\partial s \partial \eta} = -s < 0$，$\dfrac{\partial^2 \bar{u}_m^T(w_1(s^*), w_2(s^*), s^*)}{\partial s^2} =$

$-\eta < 0$，有 $\dfrac{ds^*}{d\eta} = -\dfrac{\partial^2 \bar{u}_m^T(w_1(s), w_2(s), s)}{\partial s \partial \eta} \Big/ \dfrac{\partial^2 \bar{u}_m^T(w_1(s^*), w_2(s^*), s^*)}{\partial s^2} <$

0。特别地，$\lim\limits_{\eta \to +\infty} s^* = 0$，即基本模型是质量决策模型的特例。

$\bar{u}_m^{T*}$ 是 η 的减函数，所以 $\bar{u}_m^{T*} > u_m^{T*}$。由此可得，内生化的质量设计使得制造商的扩张动机变强。

（ⅱ）$\bar{u}_m^{T*}$ 和 $\bar{u}_{m2}^{S*}$ 是 η 的减函数，因此，质量相关成本低于一定值时，产品线扩张。

定理 3.4 表明，制造商可以决定产品 2 的质量水平时，其扩张动机更强。因为这种状态下，制造商可以提供给消费者更高效用函数的产品，从而扩大产品需求。（ⅱ）表明质量相关成本高时，制造商的扩张动机减小，为了更好地了解该因素的影响情况，本书将通过数值算例给出制造商为风险厌恶型参与人时，质量相关成本对产品线最优长度决策的影响。与前两部分不同的是，质量水平内生时，制造商可能会舍弃产品 1 而提供更高质量水平的产品 2。具体参数取值为 $a = 20$，$d = 0.5$，$\lambda_r = 1.5$，$\sigma = 1$ 和 $F = 20$。由图 3-6 可知，质量相关成本很低，且制造商风险厌恶程度低时，制造商才会考虑仅提供质量水平高的产品，提供高质量产品的动机随着成本的增加而削弱。同样，当质量和风险成本较小时，制造商才会扩张产品线。

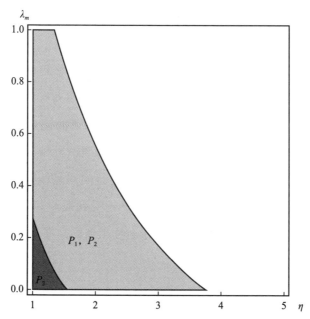

图 3 - 6　产品线扩张决策受制造商风险厌恶系数和质量相关成本影响

3.6　本 章 小 结

为了研究风险因素对产品线扩张的影响，本章建立了制造商为领导者、零售商为跟随者的斯坦伯格博弈模型，两个参与人均为风险厌恶型。研究发现，参与人风险态度的引入改变了产品之间替代系数和产品线扩张决策对均衡价格的影响。考虑参与人风险厌恶态度情况下，产品线扩张以后价格并没有因为竞争而降低，反而增加了；且产品之间的替代性越强，产品零售价格和批发价格均增加。书中给出了产品线扩张的条件，是否存在产品线扩张区间取决于制造商的风险厌恶系数，零售商的风险厌恶系数不影响产品线扩张区间的存在性。产品线扩张的区间随着参与人风险厌恶系数的变化情况取决于产品之间替代性的大小。

通过与集中情况比较，揭示了参与人风险厌恶程度对分散供应链中双重边际效应的影响。集中供应链中制造商具有更高的扩张动机，参与人风险厌恶系数能够削弱分散情况下的双边际效应。最后，通过新产品质量提升水平的内生化，发现该种情况下制造商能够更好地满足消费者的需要，从而具有更强的产品线扩张动机。考虑质量成本的情况下，产品线扩张情况还受到质量相关成本影响，只有质量相关成本较小时，制造商才会推出新的高质量产品。

第4章 存在竞争者时OEM 产品线扩张决策

再制造是企业低成本扩张产品线的有效途径之一,然而,再制造产品会对新产品的市场需求产生挤兑作用。若再制造产品市场中,存在第三方制造商,企业不仅要考虑自身产品线上的产品竞争问题,也必须考虑来自外部企业的产品竞争。本章将考虑分散和集中两种不同销售渠道中,原始设备制造商(OEM)的产品线扩张策略受外部竞争的影响情况,并进一步分析第三方再制造商不具有回收渠道时,OEM的产品线扩张决策。

4.1 问题背景

再制造指对废旧产品进行改造,使其质量和性能等指标达到新产品的标准。由于再制造生产所用原材料是报废的零部件和旧产品,因此,虽然再制造产品具有与新产品相同的功能,但是相对而言价格更为低廉。与生产新产品相比,再制造产品的生产过程中需要新的原材料数量较少，且产生的工业废弃物少。因此，这种生产方式，有助于制造型企业产生经济效益。同时，能够产生可观的环境和社会效应，对构建节约型和环境友好型社会均非常有益。在"双碳"背景下，我国再制造行业处于高速发展阶段。由于我国工业机械设备和耐用消费品数量众多，因此具有良好的再制造基础和广阔的发展空间。当前社会，资源、能源都相对紧缺，伴随着可持续发展战略的深入，政府、企业和个人对再制造都越来越重视。国家统计局发布的《战略性新兴产业分类（2018）》，将再制造纳入战略性新兴产业。在"碳中和"的目标下，政府不断地为再制造行业提供一些引导和政策支持，如《"十四五"循环经济发展规划》《关于加强废旧物资循环利用体系建设的指导意见》等均涉及加快建设再制造产业的内容，为企业开展再制造业务创造良好的宏观环境。

为了实现绿色环保的良性经济循环，许多原始设备制造商加大研发投入以具备核心零部件的自主再制造能力。施乐、惠普、科达等原始设备制造商均从再制造业务中收获了经济和环境利益（Zhang et al.，2019）。此外，也有一些制造型企业专门从事再制造业务。卡特彼勒是一家全球领先的工程机械生产厂家之一，也是全球再制造业务的先行者。该企业于 2005 年在上海临港建立再制造中心，通过再制造的生产方式向消费者提供与新产品相同品质，但价格相对低廉的产品，给客户提供了一种低成本的可持续运营方式、为企业赢得了较好的社会声誉，同时也降低了对环境的危害（申成然，2015）。

对于原始设备制造商（OEM）而言，生产再制造产品无疑是一种低成本的产品线扩张方式，能够快速地增加产品的全生命周期，并最终提高企业的市场竞争力。然而，政策允许的情况下，并非所有再制造企业都能从再制造中获利；相反，再制造企业发展过程中面临多重阻力。首先，消费者对再制造产品缺乏认识，大部分消费者对再制造产品的认识只停留在产品零部件的维修和翻新上，以至于不愿意接受再制造产品。其次，部分企业缺乏再制造技术，再制造实践相对不足。最后，消费者和企业的产品再制造的意识需要进一步提升，共同构建更加完善的回收渠道。然而，即使 OEM 能够克服以上问题，也并不意味着以提供再制造产品来扩张产品线的方式能够使企业获利。新产品和再制造产品具有功能上的相似性，产品销售过程中，再制造产品会对新产品产生需求挤兑作用。两种产品最终的需求和盈利水平既取决于市场因素，也取决于产品的生产要素。产品销售过程中，OEM 会选择不同的渠道销售产品，产品的销售渠道选择同样对决策过程有重要的影响。分散化的经营方式有其独特的优势，零售商具备更加成熟的销售渠道，对消费者购买行为的认识也更加深入。然而，也有企业选择直销的方式销售产品，以降低产成品库存和相关销售成本。两种销售渠道有其自身的优势和劣势。关于竞争因素对 OEM 再制造决策影响的研究多假设企业通过直销的渠道销售产品，关注产品定价对多个生产周期之间相互作用的影响。考虑 OEM 在不同渠道（集中或者分散）中的再制造决策是本章要解决的关键问题。

全球化背景下市场竞争激烈，特别是再制造市场中存在一些第三方再制造商。第三方再制造商可以回收废旧产品，并对这些废旧产品进行再制造和销售。与原始设备制造商相比，他们同样能够向市场中提供与新产品功能类似的再制造产品，从而获取一定的市场份额。外部竞争者的出现，使得 OEM 的产品线扩张决策变得更加谨慎，此时，来自企业内部的产品竞争已经不是产品市场挤兑效应的唯一来源。企业决策过程中同样要关注来自企业外部竞争的影响。本章将分析存在第三方再制造商时 OEM 的再制造决策，以分析来自第三方再制造商竞争的影响。本章将研究竞争因素对企业产品线设计决策的影响，以及分析 OEM 是否可以通过控制废旧产品的逆向回收渠道来缓解竞争对企业的威胁。

本章首先分析 OEM 和第三方再制造商具有相同的零售渠道时，OEM 的产品线扩张决策，以分析竞争对产品线扩张及定价决策的影响；其次，通过对比集中渠道和分散渠道中的均衡解，分析竞争和渠道之间的作用关系；最后，探索通过控制废旧产品的回收渠道，并以一定批发价格将废旧产品销售给第三方再制造商的方式，是否能够帮助 OEM 缓解来自外部竞争的影响。

4.2 基 本 模 型

考虑一个由原始设备制造商（OEM）、第三方再制造商和零售商构成的供应链。为了更好地分析渠道中 OEM 的产品线扩张策略，本书仅考虑单周期的情况，并假设再制造产品的产量不受旧产品回收率的影响（Shi et al.，2011），即产品前期销售量不影响企业再制造决策。由于再制造产品的市场规模小于新产品的市场规模，因此，该假设在成熟的市场中是合理的。

现实生活中，新产品和再制造产品在外观和功能等方面一致性较强，消费者很难在购买过程中发现两者的差异，因此，销售市场上会产生混乱现象。为了解决新产品和再制造产品之间的相似性问题，有些国家和地区规定企业必须对再制造产品做出标记，以便消费者能够快速识别产品生产过程中是否涉及再制造环节（Debo et al.，2005），以提高再制造市场的规范性。本书假设消费者可以识别新产品和再制造产品，两种产品共同构成具有一定替代性的产品线。

假设再制造产品的单位生产成本低于新产品的单位生产成本，c_r 为单位再制造成本，其中包括旧产品的回收成本；c_n 为新产品的单位生产成本，$c_r < c_n$。基本模型中，主要考虑供应链中 OEM 的再制造决策受市场中潜在竞争者的影响情况。新产品和再制造产品是具有一定替代性的两种不同产品，消费者在购买过程中，可以识别新产品和再制造产品。新产品的需求为 $D_n(p_n, p_r) = a_n - p_n + dp_r$，再制造产品的需求可表示为 $D_r(p_n, p_r) = a_r - p_r + dp_n$，其中，$a_i$ 为产品 i 的市场规模，$i = n, r$，$a_n > a_r$，d 为产品之间的替代性，$d = 0$ 表示两个产品是完全不同的；$d = 1$ 指两个产品可以完全互相替代。若销售市场中不存在再制造产品，即令再制造产品的需求为零，可以得到 $p_r = a_r + dp_n$，进一步可以得到新产品的市场需求 $D(p) = (a_n + da_r) - (1 - d)p$（Majumder & Groenevelt，2001），此时，新产品的市场规模增加，$a_n + da_r \geqslant a_n$。

若产品市场中无第三方再制造商，OEM 只提供新产品，则零售商的利润函数为：

$$\pi_r(p, w) = D(p - w) \qquad (4-1)$$

由 $\partial^2 \pi_r(p, w) / \partial p^2 = -2 + 2d < 0$ 可知，式（4-1）为零售价格

p 的凹函数。求式（4 - 1）关于 p 的一阶条件，可以得到零售商的最优反应函数 $p(w) = \dfrac{a_n + da_r}{2(1-d)} + \dfrac{w}{2}$。

考虑到零售商的反应函数，OEM 的利润函数 $\pi_m(w, p) = (w - c_n)D$，可以重新表达为：

$$\pi_m(w) = \frac{1}{2}(w - c_n)[a_n + da_r - (1-d)w] \qquad (4-2)$$

同样，可以得出式（4 - 2）为 w 的凹函数，求解其关于 w 的一阶条件，有最优批发价格 $w^* = \dfrac{a_n + da_r + (1-d)c_n}{2(1-d)}$。把 w^* 代入式（4 - 2）和零售商的反应函数可以得到 OEM 的最优利润和均衡零售价格 p^*，进一步地，可以得到零售商的均衡利润：

$$\pi_m^* = \frac{[a_n - c_n(1-d) + da_r]^2}{8(1-d)} \qquad (4-3)$$

$$\pi_r^* = \frac{[a_n - c_n(1-d) + da_r]^2}{16(1-d)} \qquad (4-4)$$

产品市场规模增加时，制造商提高批发价格可以获得更高的边际收益。d 值越大，消费者对产品零售价格的敏感系数越小，同时市场规模也随之增加，因此，制造商给予的产品批发价格提高。

若 OEM 决定参与再制造过程，则需要投入一定的成本来支持再制造，包括建立逆向回收渠道，再制造产能和技术投资，此处，假设这部分的成本为固定成本 F。OEM 进行再制造时，由于品牌优势以及先动优势，OEM 可以获取质优的废旧品，在销售市场中占据有利的地位，此时，第三方再制造商将不进入市场（Ferguson & Toktay，2006）。因此，当且仅当 OEM 不进行产品线扩张时，第三方再制造商才有废旧产品的回收渠道，双方通过共同的零售商销售产品。本书中用上标"T"表示 OEM 参与再制造的情况。

OEM 的利润函数可以表达为：

$$\pi_m^T(p_n,\ p_r,\ w_n,\ w_r) = D_n(w_n - c_n) + D_r(w_r - c_r) - F, \qquad (4-5)$$

其中，第一、第二项分别为新产品和再制造产品的销售利润。

零售商的利润函数为：

$$\pi_r^T(p_n,\ p_r,\ w_n,\ w_r) = D_n(p_n - w_n) + D_r(p_r - w_r) \qquad (4-6)$$

OEM 不进行再制造时，第三方再制造商可以获得回收的废旧产品，并完成再制造过程。本书中用上标"TT"表示第三方再制造商参与市场竞争的情况。假设 OEM 和第三方再制造商通过同一个零售商销售产品。

此时，零售商依然销售两种不同的产品，其利润函数为：

$$\pi_r^{TT}(p_n,\ p_r,\ w_n,\ w_r) = D_n(p_n - w_n) + D_r(p_r - w_r) \qquad (4-7)$$

OEM 只生产新产品，其利润函数为：

$$\pi_m^{TT}(p_n,\ p_r,\ w_n,\ w_r) = D_n(w_n - c_n) \qquad (4-8)$$

第三方再制造商有成熟的回收渠道和再制造技术，因此，不需要投入固定成本，其利润函数为：

$$\pi_l^{TT}(p_n,\ p_r,\ w_n,\ w_r) = D_r(w_r - c_r) \qquad (4-9)$$

博弈顺序如下：

（1）OEM 决定是否扩张产品线。

（2）若 OEM 扩张产品线，则 OEM 决定新产品和再制造产品的批发价格；若 OEM 只生产新产品，第三方再制造商进入市场，两方同时决定新产品和再制造产品的批发价格。

（3）零售商决定产品的零售价格。

利用逆向归纳法，可以得到子博弈的纳什均衡解。

4.3　均衡结果分析

4.3.1　OEM 扩张产品线

利用逆向归纳法，可以得到引理 4.1，引理 4.1 归纳了产品线扩张以后，OEM 和零售商的均衡解。

引理 4.1　OEM 扩张产品线时，均衡的产品批发价格为

$$w_n^* = \frac{a_n + a_r d + c_n(1 - d^2)}{2(1 - d^2)}, \quad w_r^* = \frac{a_r + a_n d + c_r(1 - d^2)}{2(1 - d^2)};$$ 零售商

的零售价格为 $p_n^* = \dfrac{a_n + a_r d}{2(1 - d^2)} + \dfrac{w_n^*}{2}$, $p_r^* = \dfrac{a_r + a_n d}{2(1 - d^2)} + \dfrac{w_r^*}{2}$。

证明：零售商同时决定两个产品的批发价格。由于 $0 < d < 1$,

零售商利润函数关于 (p_n, p_r) 的海塞矩阵 $\begin{pmatrix} -2 & 2d \\ 2d & -2 \end{pmatrix}$ 为负定矩阵。

求式（4 - 6）关于零售价格的一阶条件 $\partial \pi_r^T / \partial p_n = 0$ 和 $\partial \pi_r^T / \partial p_r = 0$,

可以得到零售商的最优反应函数：

$$p_n(w_n) = \frac{a_n + a_r d + (1 - d^2) w_n}{2 - 2d^2} \text{和} p_r(w_r) = \frac{a_r + a_n d + (1 - d^2) w_r}{2 - 2d^2}$$

$$(4 - 10)$$

把 $p_n(w_n)$ 和 $p_r(w_r)$ 代入式（4 - 5），可以得到 $\pi_m^T(w_n, w_r)$。同样地，可以得到 $\pi_m^T(w_n, w_r)$ 是关于 (w_n, w_r) 的凹函数。求解一阶条件 $\partial \pi_m^T(w_n, w_r) / \partial w_n = 0$ 和 $\partial \pi_m^T(w_n, w_r) / \partial w_r = 0$, 可以得到批发

价格的均衡解 $w_n^* = \dfrac{a_n + a_r d + c_n(1 - d^2)}{2(1 - d^2)}$, $w_r^* = \dfrac{a_r + a_n d + c_r(1 - d^2)}{2(1 - d^2)}$。

将均衡批发价格代入零售商的反应函数，可以得到均衡的零售价

格，$p_n^* = \dfrac{a_n + a_r d}{2(1 - d^2)} + \dfrac{w_n^*}{2}$，$p_r^* = \dfrac{a_r + a_n d}{2(1 - d^2)} + \dfrac{w_r^*}{2}$。进一步地，可以得

到零售商和 OEM 的均衡利润：

$$\pi_m^{T*} = \frac{a_n^2 + a_r^2 + 2a_n a_r d + (1 - d^2)(c_n^2 + c_r^2 - 2a_r c_r - 2a_n c_n - 2c_n c_r d)}{8(1 - d^2)} - F$$

$$(4 - 11)$$

$$\pi_r^{T*} = \frac{a_n^2 + a_r^2 + 2a_n a_r d + (c_n^2 + c_r^2 - 2a_r c_r - 2a_n c_n - 2c_n c_r d)(1 - d^2)}{16(1 - d^2)}$$

$$(4 - 12)$$

由引理 4.1 可知，新产品的均衡批发价格随着两种产品市场规
模的增加而增加。一方面，若新产品市场规模增加，OEM 会提高批
发价格以获取更高的边际收益；另一方面，由于新产品和再制造产
品之间存在替代性，再制造产品的市场规模增加会使新产品市场随
之增加。由 $\partial w_n^* / \partial d = (a_n + a_r) / [2(1 - d)^2] > 0$ 可知，新产品的批
发价格随着产品替代性的增加而增加。这是因为，虽然产品之间替
代系数越大，两产品之间的竞争越激烈，OEM 可以通过降低产品价
格来缓解产品之间的竞争；但是，产品的市场需求也随着产品替代
系数的增加而增加。市场规模的扩大效应大于产品之间的竞争效应
时，产品批发价格随着产品替代性的增加而增加。同样，可以得到
再制造产品批发价格随着替代系数的变化情况。零售商处零售价格
随着批发价格的增加而增加。

通过对 OEM 扩张产品线前后均衡价格的比较，可以发现 $w_n^* <$
w^*，$p_n^* < p^*$，即产品线扩张以后产品的批发价格和零售价格均降
低。市场中出现销售价格更低的再制造产品时，一部分价格敏感型

的消费者转而购买低价格的产品，这时，零售商不得不降低销售价格，从而维持新产品的市场需求。此时，制造商会降低新产品批发价格以弥补零售商的销售损失。

通过比较产品线扩张前后 OEM 的利润，可以得到 OEM 的产品线扩张条件。当且仅当 $\pi_m^{T^*} > \pi_m^*$ 时，OEM 才会参与再制造过程。

由式（4-3）和式（4-11）可知，固定成本满足不等式 $0 < F < F_1$，即只有当固定成本低于一定值时，OEM 才会扩张产品线，其中，

$$F_1 = \left[(1-d^2)c_r^2 - 2(1-d^2)(a_r + c_n d)c_r + A_1 \right] / \left[8(1-d^2) \right],$$

$$A_1 = d(1-d^2)c_n^2 + 2a_r d(1-d^2)c_n + a_r^2(1-d^2) - (a_n + a_r d)^2 d_\circ$$

$F_1 < 0$ 时，OEM 提供再制造产品带来的收益水平小于再制造产品对新产品产生的市场挤兑效应，即生产两个产品的销售收入小于仅提供单产品情况，因此，企业不考虑产品线的扩张。定理 4.1 给出了 OEM 扩张产品线的条件。

定理 4.1 $d \leqslant \dfrac{1}{3}$ 且 $a_n \leqslant a_r \dfrac{(1-d)\sqrt{d(1+d)} - d^2}{d}$，$c_r \in \left(c_{r1-}, \right.$

$\left. \dfrac{a_r + a_n d}{1-d^2} \right)$；或 $d > \dfrac{1}{3}$，$c_r \in \left(c_{r2-}, \dfrac{a_r + a_n d}{1-d^2} \right)$ 时，$F_1 < 0$，即 OEM 不会采取

扩张策略，其中，$c_{r2-} < c_{r1-}$，$c_{r1-} = \dfrac{a_r(1-d^2) - (a_n + a_r d)\sqrt{(1+d)d}}{(1-d^2)}$，

$c_{r2-} = \dfrac{(a_r + a_n d) - (a_n + a_r d)d\sqrt{(1-d)}}{1-d^2}_\circ$

证明：由 $\dfrac{\partial^2 F_1}{\partial c_n^2} = 2d(1-d^2) \geqslant 0$ 可知，F_1 为 c_n 的凸函数。又因

为当 $c_n \geqslant c_r$ 时，$\dfrac{\partial F_1}{\partial c_n} = 2(a_r + c_n - c_r)d(1-d^2) \geqslant 0$，所以有 F_1 为 c_n

的增的凸函数。$F_1 = 0$ 在区间 $c_n \in \left[c_r, \dfrac{a_n + a_r d}{1 - d^2} \right)$ 上，至多有一个解，此处，c_n 的上限由 $w_n^* > c_n$ 得出。

$F_1 = 0$ 关于 c_n 的求根判别公式记为 Δ_1，因为，$\partial^2 \Delta_1 / \partial c_r^2 < 0$，因此有 Δ_1 为 c_r 的凹函数，其中，

$$\Delta_1 = 4d(1 - d^2) \left[-c_r^2 (1 - d)^2 (1 + d) + 2a_r c_r (1 - d)^2 (1 + d) + a_n^2 d + a_r^2 (d + d^2 - 1) + 2a_r a_n d^2 \right]。$$

容易验证 $\Delta_1 = 0$ 关于 c_r 的根存在，为

$$c_{r1 \pm}，\quad c_{r1 \pm} = \dfrac{a_r (1 - d^2) \pm (a_n + a_r d) \sqrt{(1 + d) d}}{(1 - d^2)}，$$

其中 $c_{r1 +} > \dfrac{a_r + a_n d}{1 - d^2}$。

$d \leqslant \dfrac{1}{3}$ 且 $a_n \leqslant \dfrac{a_r (1 - d) \sqrt{d(1 + d)} - a_r d^2}{d}$ 时，$c_{r1 -}$ 为正；$d > \dfrac{1}{3}$ 时，

$c_{r1 -}$ 为负。因此，若 $d \leqslant \dfrac{1}{3}$ 且 $a_n \leqslant \dfrac{a_r (1 - d) \sqrt{d(1 + d)} - a_r d^2}{d}$，$c_r \in$

$\left(c_{r1 -}, \dfrac{a_r + a_n d}{1 - d^2} \right)$ 时，$\Delta_1 > 0$；或 $d > \dfrac{1}{3}$，$c_r \in \left(0, \dfrac{a_r + a_n d}{1 - d^2} \right)$ 时，$\Delta_1 >$

0。此时，$F_1 = 0$ 关于 c_n 的解存在，在 F_1 随 c_n 增加而增加的区间上，求 $F_1 = 0$ 关于 c_n 的根 $c_{n1 +}$，$c_{n1 +} =$

$$\dfrac{\sqrt{d(1 - d^2)^2 (1 - d)(2a_r c_r - c_r^2) + d(1 - d^2) \left[a_n^2 d + a_r^2 (d + d^2 - 1) + 2a_r a_n d^2 \right]}}{d(1 - d^2)} -$$

$a_r + c_r$。

若 $c_r < c_{n1 +} \leqslant \dfrac{a_n + a_r d}{1 - d^2}$，$c_n \in \left[c_r, c_{n1 +} \right)$ 时，$F_1 < 0$；或者，$c_{n1 +} >$

$\dfrac{a_n + a_r d}{1 - d^2}$，$F_1 < 0$，这两种情况下，OEM 不扩张产品线。

$c_{n1 +} > \dfrac{a_n + a_r d}{1 - d^2}$，等价于 $g_1 \leqslant 0$，g_1 为 c_r 的凸函数，其中，

$$g_1 = c_r^2(1-d^2)^2 - 2c_r(1-d^2)(a_nd+a_r) + a_r^2(1-d^4+d^5) + a_n^2 d^3 +$$

$2a_r a_n d(1-d^2+d^3)$。$g_1 = 0$ 存在两个根，$c_{r2\pm}$，$c_{r2\pm} =$

$\dfrac{(a_r+a_nd) \pm (a_n+a_rd)d\sqrt{(1-d)}}{1-d^2}$。可以验证，$c_{r2+} > \dfrac{a_r+a_nd}{1-d^2}$。

$c_{r2-} > 0$ 等价于 $(a_r+a_nd)^2 - (a_n+a_rd)^2d^2(1-d) > 0$；由于 $a_n \geqslant a_r$，

c_{r2-} 恒为正。所以，$c_r \in \left(c_{r2-}, \dfrac{a_n+a_rd}{1-d^2}\right)$ 时，$F_1 < 0$。又 $c_{r2-} < c_{r1-}$，所

以，$d \leqslant \dfrac{1}{3}$ 且 $a_n \leqslant \dfrac{a_r(1-d)\sqrt{d(1+d)} - a_rd^2}{d}$，$c_r \in \left(c_{r1-}, \dfrac{a_r+a_nd}{1-d^2}\right)$；

或 $d > \dfrac{1}{3}$，$c_r \in \left(c_{r2-}, \dfrac{a_n+a_rd}{1-d^2}\right)$ 时，$F_1 < 0$。

$c_{n1+} > c_r$ 等价于 $g_2 \geqslant 0$，g_2 为 c_r 的凸函数，其中，$g_2 = c_r^2(1-d)^2(1+d)d - 2da_rc_r(1-d)^2(1+d) + a_r^2(1-d^2)d^2 - d^2a_n^2 - a_r^2d(d+d^2-1) - 2a_ra_nd^3$，$g_2 = 0$ 关于 c_r 的求根判别公式为 $\Delta_2 = 4(1-d)^2d^3(1+d)[(a_n+a_rd)^2 - a_r^2(1-d^2)]$。$a_n \geqslant a_r$ 时，$\Delta_2 \geqslant 0$ 恒成立，有

$c_{r3\pm}$，$c_{r3\pm} = \dfrac{a_r(1-d^2) \pm \sqrt{d(1+d)[(a_n+a_rd)^2 - a_r^2(1-d^2)]}}{1-d^2}$。其

中，$c_{r3+} < \dfrac{a_r+a_nd}{1-d^2}$，$c_{r3-} < 0$。所以，$c_r \in \left[c_{r3+}, \dfrac{a_r+a_nd}{1-d^2}\right)$ 时，$c_{n1+} >$

c_r。又，$c_{n1+} \leqslant \dfrac{a_n+a_rd}{1-d^2}$，等价于 $d > \dfrac{1}{3}$ 且 $c_r \in (0, c_{r2-}]$，因此，

$\dfrac{a_n+a_rd}{1-d^2} \geqslant c_{n1+} > c_r$ 不成立。

综上所述，$d \leqslant \dfrac{1}{3}$ 且 $a_n \leqslant \dfrac{a_r(1-d)\sqrt{d(1+d)} - a_rd^2}{d}$，$c_r \in \Big(c_{r1-},$

$\dfrac{a_r+a_nd}{1-d^2}\Big)$；或 $d > \dfrac{1}{3}$，$c_r \in \left(c_{r2-}, \dfrac{a_n+a_rd}{1-d^2}\right)$ 时，$F_1 < 0$。

由定理 4.1 可知，OEM 是否扩张产品线取决于新产品和再制造产品之间的替代性、两个产品的市场规模相对大小以及单位再制造成本。再制造产品的市场规模大于一定阈值时，即使产品之间竞争性弱，如果单位再制造生产成本大于一定值，OEM 也不考虑扩张产品线。产品之间替代系数大时，OEM 可以接受的单位再制造成本的最大值变小，这是因为产品之间竞争削弱了 OEM 的扩张动机。

$F_1 \geq 0$ 时，OEM 才会扩张产品线，产品线的扩张区间随着新产品市场规模的增加而减小，即新产品市场规模增加时，制造商不愿意推出再制造产品，从而对新产品产生市场挤兑效应。新产品单位生产成本增加时，制造商再制造动机增强，以减少成本的投入。由于产品线扩张成本边界受其他参数影响情况比较复杂，将用数值算例分析 OEM 扩张区间受参数的影响情况，其中，参数取值为 $a_n = 4$，$c_n = 3$，$d = 0.3$。

由图 4-1 可以看出，产品替代性越大，产品之间竞争越激烈，再制造产品对新产品的市场影响越大，OEM 的产品线扩张动机减弱。再制造产品的市场规模增加时，OEM 愿意推出再制造产品。从图 4-1 中还可看出，随着产品替代系数的增加，再制造产品市场规模对 OEM 扩张区间的影响随之减小，这是由于替代性增加了两个市场之间的流动性。由图 4-2 可知，再制造单位生产成本增加时，OEM 的扩张动机减小；当再制造产品单位生产成本大于一定阈值时，OEM 将只提供新产品，且再制造产品单位生产成本能够削弱再制造产品的市场规模对产品线扩张区间的影响。

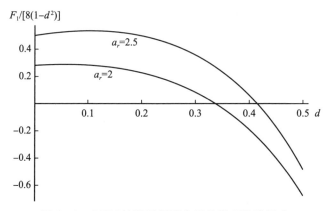

图 4 - 1   OEM 扩张区间受产品替代系数的影响

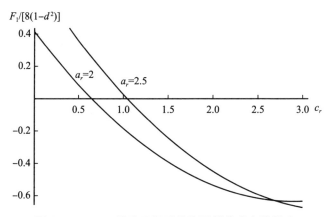

图 4 - 2   OEM 扩张区间受单位再制造成本的影响

4.3.2   OEM 不扩张产品线

OEM 和第三方再制造商分别决定产品的批发价格，零售商决定两种产品的零售价格。引理 4.2 给出了 OEM 不扩张产品线时，产品的均衡价格。

引理 4.2　新产品的批发价格为 $w_n^{TT*} = \dfrac{2a_n + a_r d + 2c_n + c_r d}{4 - d^2}$，再

制造产品的批发价格为 $w_r^{TT*} = \dfrac{2a_r + a_n d + 2c_r + c_n d}{4 - d^2}$；两个产品的零售

价格分别为 $p_n^{TT*} = \dfrac{a_n + a_r d}{2(1 - d^2)} + \dfrac{w_n^{TT*}}{2}$ 和 $p_r^{TT*} = \dfrac{a_r + a_n d}{2(1 - d^2)} + \dfrac{w_r^{TT*}}{2}$；零

售商、OEM 和第三方再制造商的均衡利润函数分别为 π_r^{TT*}，

π_m^{TT*}，π_l^{TT*}。

证明：把反应函数式（4-10）分别代入式（4-8）和式（4-9），

有 $\pi_m^{TT}(w_n, w_r) = \dfrac{1}{2}(w_n - c_n)(a_n + dw_r - w_n)$，$\pi_l^{TT}(w_n, w_r) = \dfrac{1}{2}(w_r -$

$c_r)(a_r + dw_n - w_r)$。

分别求解 OEM 和再制造商利润函数关于批发价格 (w_n, w_r)

的一阶条件解 $\pi_m^{TT}(w_n, w_r)/\partial w_n = 0$ 和 $\pi_o^{TT}(w_n, w_r)/\partial w_l = 0$，可

以得到最优的批发价格 w_n^{TT*}，w_r^{TT*}。进一步可以得到产品的零售

价格 $p_n^{TT*} = \dfrac{a_n + a_r d}{2(1 - d^2)} + \dfrac{w_n^{TT*}}{2}$ 和 $p_r^{TT*} = \dfrac{a_r + a_n d}{2(1 - d^2)} + \dfrac{w_r^{TT*}}{2}$，均衡利

润为：

$$\pi_m^{TT*} = \frac{\left[2a_n + (a_r + c_r)d - c_n(2 - d^2) \right]^2}{2(4 - d^2)^2} \qquad (4-13)$$

$$\pi_l^{TT*} = \frac{\left[2a_r + (a_n + c_n)d - c_r(2 - d^2) \right]^2}{2(4 - d^2)^2} \qquad (4-14)$$

由引理 4.2 可知，产品的均衡价格随着参数的变化情况与 OEM

进行再制造时类似。

通过与 OEM 进行再制造和市场中仅有新产品两种情况做对比，

可以发现不同产品线策略对均衡解的影响情况。新产品的批发价格

变化情况由图 4 – 3 给出，参数取值为 $a_n = 4$，$a_r = 2$，$c_n = 3$ 和 $c_r = 0.5$，$d = 0.4$。

由图 4 – 3 可以看出，再制造产品推向市场，使得新产品面临竞争压力，不得不降低价格缓解竞争。若 OEM 不进入再制造市场，来自外部企业的竞争会使新产品的批发价格进一步降低。产品之间替代性增强，一方面产品之间竞争程度激烈，产品价格降低；另一方面，替代性使得新产品潜在的市场规模增加，企业提高批发价格以获取更多的收益。市场规模增加效应大于产品之间的竞争效应，导致新产品批发价格随着产品替代性的增加而提高。由图 4 – 4 可知，零售价格与批发价格具有类似的变化趋势，但竞争对零售价格的影响小于竞争对批发价格的影响，这是由于零售商具有更加灵活的决策能力，可以协调两种产品的定价，从而缓解竞争带来的负面效应。

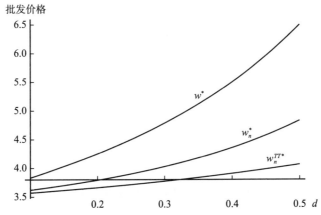

图 4 – 3　OEM 不同产品线策略下新产品批发价格受产品替代系数的影响

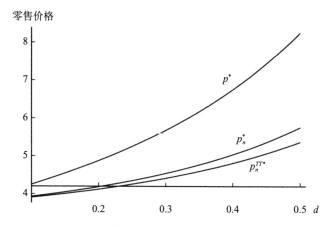

图 4-4　OEM 不同产品策略下新产品零售价格受产品替代系数的影响

通过比较式（4-8）和式（4-13）可以得到，市场上存在潜在竞争者时 OEM 的产品线扩张决策。$\pi_m^{T*} > \pi_m^{TT*}$，即 $0 < F < F_2$ 时，OEM 扩张产品线，其中，

$$F_2 = \{c_r^2(1-d^2)(16+d^4-12d^2) - (1-d^2)(4-d^2)^2(2a_r+2c_nd)c_r$$
$$-8(1-d^2)d[2a_n+a_rd-c_n(2-d^2)]c_r + A_2\}/[8(1-d^2)(4-d^2)^2],$$

$$A_2 = (4-d^2)^2[(1-d^2)c_n^2 - 2a_nc_n(1-d^2) + a_n^2 + a_r^2 + 2a_na_rd]$$
$$-4(1-d^2)[2a_n+a_rd-c_n(2-d^2)]^2 \text{。}$$

定理 4.2 给出市场上存在竞争者时，OEM 产品线扩张区间存在的条件。

定理 4.2　存在第三方再制造商时，$F_2 \geqslant 0$，OEM 扩张区间非空。

证明：求 F_2 关于 c_r 的二阶导数有 $\dfrac{\partial^2 F_2}{\partial c_r^2} = \dfrac{16-12d^2+d^4}{(4-d^2)^2}$。由于产品的替代系数 $d \in [0，1]$，$\partial^2 F_2/\partial c_r^2 > 0$，$F_2$ 是 c_r 的凸函数。求

$\dfrac{\partial F_2}{\partial c_r} = 0$，有

$$c_{r1} = \frac{a_r(16 - 4d^2 + d^4) + d[8a_n + c_n(8 - 4d^2 + d^4)]}{16 - 12d^2 + d^4} > 0，又因为$$

$$F_2(c_{r1}) = \frac{d^2(4 + d^2)[a_n + a_r d - c_n(1 - d^2)]^2}{8(1 - d^2)(16 - 12d^2 + d^4)} > 0，所以 F_2 \geq 0。$$

由定理 4.2 可知，存在第三方再制造商时，OEM 的扩张区间非空。OEM 为了防止第三方竞争者进入市场，从而导致来自企业外部的竞争，而具有更强的扩张动机。图 4－5 给出了存在市场竞争者时，OEM 能够接受的最大固定成本值受产品之间替代性和再制造单位生产成本的影响情况。

由图 4－5 可以看出，产品之间的竞争性增加（替代性强），为了阻止来自企业外部产品对新产品的需求挤兑，OEM 愿意为再制造决策付出更高的固定成本（F_2 值更大）。当再制造单位成本增加时，OEM 扩张动机被削弱。

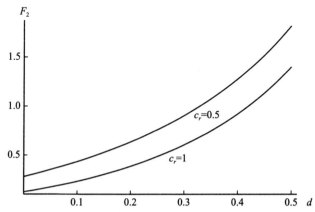

图 4－5　存在竞争者时 OEM 扩张区间受产品替代系数的影响

4.4 集中情况下 OEM 产品线决策

集中情况下，第三方再制造商和 OEM 通过自己的销售渠道销售产品。同样地，通过对市场上只有一种新产品、OEM 再制造和第三方独立再制造三种情况的比较，得出渠道和竞争两种因素对 OEM 产品线扩张决策的影响。

OEM 只生产一种产品，且市场中不存在第三方再制造商时，渠道利润为：

$$\pi_c(p_c) = D_c(p_c - c_n) \qquad (4-15)$$

其中，下标"c"表示集中情况，容易验证 $\pi_c(p_c)$ 为 p_c 的凹函数，因此，解其关于 p_c 的一阶条件，可以得到最优的零售价格 $p_c^* = \dfrac{a_n + a_r d + c_n(1-d)}{2(1-d)}$。把 p_c^* 代入式（4-15）可以得到渠道最优利润：

$$\pi_c^* = \frac{[a_n - c_n(1-d) + a_r d]^2}{4(1-d)} \qquad (4-16)$$

当 OEM 扩张产品线时，OEM 需要同时制定新产品和再制造产品的零售价格。此时，OEM 的利润函数可以表示为：

$$\pi_c^T(p_n, p_r) = D_n(p_n - c_n) + D_r(p_r - c_r) - F \qquad (4-17)$$

其中，第一、第二部分分别为新产品和再制造产品的销售利润。

引理 4.3 给出了集中情况下，OEM 参与再制造时的均衡价格和产品线扩张条件。

引理 4.3 OEM 参与再制造过程时，两个产品的零售价格分别

为 $p_{cn}^{T*} = \dfrac{a_n + a_r d + c_n(1 - d^2)}{2(1 - d^2)}$，$p_{cr}^{T*} = \dfrac{a_r + a_n d + c_r(1 - d^2)}{2(1 - d^2)}$。

证明：由式（4-17）可知，$\pi_c^T(p_n, p_r)$ 关于 (p_n, p_r) 的海塞矩阵是负定矩阵。分别求 $\pi_c^T(p_n, p_r)$ 关于 p_n 和 p_r 的一阶条件，可以得到两个产品的最优零售价格 $p_{cn}^{T*} = \dfrac{a_n + a_r d + c_n(1 - d^2)}{2(1 - d^2)}$，

$p_{cr}^{T*} = \dfrac{a_r + a_n d + c_r(1 - d^2)}{2(1 - d^2)}$。进一步可以得到 OEM 的均衡利润：

$$\pi_c^{T*} = \frac{a_n^2 + a_r^2 + 2a_n a_r d + (1 - d^2)(c_n^2 + c_r^2 - 2a_n c_n - 2a_r c_r - 2c_n c_r d)}{4(1 - d^2)} - F$$

$$(4-18)$$

集中情况下，两种产品的零售价格随产品替代性的增加而增加。

若 OEM 不扩张产品线，而市场上存在第三方再制造商，且两者分别直接生产和销售产品时，第三方再制造商和 OEM 的利润函数分别为：

$$\pi_{mc}(p_n, p_r) = D_n(p_n - c_n) \qquad (4-19)$$

$$\pi_{lc}(p_n, p_r) = D_r(p_r - c_r) \qquad (4-20)$$

引理 4.4 给出了集中情况下，OEM 不参与再制造，第三方再制造商参与决策时的均衡价格。

引理 4.4 集中情况下，若市场中有第三方再制造商，两个产品的零售价格分别为 $p_{cn}^{TT*} = \dfrac{2a_n + 2c_n + (a_r + c_r)d}{4 - d^2}$，$p_{cr}^{TT*} = \dfrac{2a_r + 2c_r + (a_n + c_n)d}{4 - d^2}$。

证明：可以验证式（4-19）和式（4-20）分别满足关于决策变量零售价格的二阶条件，求其一阶条件，可以得到最优的零售价格 $p_{cn}^{TT*} = \dfrac{2a_n + 2c_n + (a_r + c_r)d}{4 - d^2}$，$p_{cr}^{TT*} = \dfrac{2a_r + 2c_r + (a_n + c_n)d}{4 - d^2}$。进一

步，可以得到两个参与人的均衡利润：

$$\pi_{mc}^* = \frac{[2a_n + (a_r + c_r)d - c_n(2 - d^2)]^2}{(4 - d^2)^2} \qquad (4-21)$$

$$\pi_{lc}^* = \frac{[2a_r + (a_n + c_n)d - c_r(2 - d^2)]^2}{(4 - d^2)^2} \qquad (4-22)$$

通过式（4 - 16）和式（4 - 18）的比较，可以得到集中情况下，OEM 的扩张区间，$\pi_c^{T^*} \geqslant \pi_c^*$ 等同于 $F < F_3$，$F_3 = 2F_1$。当且仅当 $0 < F < F_3$ 时，OEM 扩张产品线，且 OEM 的产品线扩张区间存在条件与分散供应链中的相同。通过比较式（4 - 18）和式（4 - 21），可以得到存在竞争者时，集中供应链下，OEM 扩张区间非空，$0 < F < F_4$ 时，OEM 会扩张产品线，$F_4 = 2F_2$。

定理 4.3 对比了分散和集中两种不同渠道下，OEM 的产品线扩张区间。

定理 4.3　集中情况下，（ⅰ）OEM 的产品线扩张区间存在条件与分散情况下相同；（ⅱ）OEM 的产品线扩张区间大于分散情况时。

证明：因为，$F_3 = 2F_1$，所以，$F_3 > 0$ 等价于 $F_1 > 0$；同样可以得出其他结论。

由定理 4.3 可知，分散供应链中，OEM 所能接受的固定成本最大值大于集中情况的。分散供应链中的双边际效应使得产品线扩张以后，零售价格降低的幅度更大，削弱了产品线扩张带来的优势，因此，集中供应链中 OEM 的扩张动机更强。

由图 4 - 1 和图 4 - 5 可以看到，不存在竞争者时，产品线扩张区间随产品替代系数的增加而减小；存在竞争者时，产品线扩张区间随着产品替代系数的增加而增加，从而导致两种情况下扩张区间差值随着产品之间替代系数的增加而增加。由集中情况下两个扩张上限可知，$F_4 - F_3 > F_2 - F_1$，集中渠道进一步扩大了外部竞争对 OEM 产品线扩张决策的影响。

4.5 OEM 为废旧产品供应商

由以上分析可知，市场中存在第三方再制造商时，若 OEM 不参与再制造过程，则其销售收入低于提供两个产品的情况（$F_4 = 2F_2 > 0$）。书中假设 OEM 掌握了市场中废旧产品的回收渠道，但不参与再制造过程，而是以一定的批发价格把废旧物品销售给第三方再制造商进行再制造。OEM 和第三方再制造商均在集中的供应链中销售产品。用上标"S"表示 OEM 为废旧物品供应商的情况。

OEM 的利润包括两个方面，新产品和废旧产品的销售利润：

$$\pi_m^S(p_n, \ w^s) = D_n(p_n - c_n) + D_r(w^s - c_0) \qquad (4-23)$$

其中，c_0 表示旧产品的回收成本，$c_0 < c_r$（Ferguson & Toktay，2006）。

第三方再制造商的利润为：

$$\pi_l^S(p_r, \ w^s) = D_r(p_r - w^s - c_r') \qquad (4-24)$$

其中，c_r' 表示第三方再制造商的额外单位生产成本（排除了支付废旧品的费用），$c_r' < c_r$。

博弈顺序如下：

（1）OEM 首先确定废旧产品的批发价格。

（2）若第三方再制造商能够接受废旧产品的批发价格，则双方分别确定新产品和再制造产品的零售价格；若第三方再制造商不能接受废旧产品的批发价格，则博弈过程结束，市场中仅有新产品。

式（4-23）和式（4-24）分别为 p_n 和 p_r 的凹函数，分别求其一阶条件可以得到 OEM 和再制造商的反应函数，$p_r^s(w_s) = \dfrac{2a_r + d(a_n + c_n - dc_0) + 2c_r' + (2 + d^2)w_s}{4 - d^2}$，$p_n^s(w_s) = \dfrac{2a_n + a_r d + 2c_n - 2c_0 d + dc_r' + 3dw_s}{4 - d^2}$。

把反应函数代入 OEM 的利润函数，有 $\pi_m^S(w_s)$，容易验证 $\pi_m^S(w_s)$ 为 w_s 的凹函数，因此，可以得到最优的废旧产品批发价格，

$$w_s^* = \frac{a_n d(8 + d^2) + a_r(8 + d^4) - c_n d^3(1 - d^2) + 2c_0(4 - 3d^2 - d^4) - 8(1 - d^2)c_r'}{2(8 - 7d^2 - d^4)}$$

进一步，可以得到两个产品的均衡零售价格，p_r^{s*}，p_n^{s*}。由均衡解的表示可以看出，废旧产品批发价格随着回收成本的增加而增加。

再制造商和 OEM 的均衡利润分别为 $\pi_l^{S*} = \dfrac{[(a_r - c_0 + c_n d)(8 + 2d^2 - d^4) + 8(1 - d^2)c_r']^2}{(d^2 + 8)^2(4 - d^2)^2}$，$\pi_m^{S*} = \{a_n^2(8 + d^2) + a_r^2(2 + d^2)^2 + 2a_n(8 + d^2)[a_r d - c_n(1 - d^2)] - 2a_r(1 - d^2) \times (4c_0 + 4c_n d + c_n d^3) + (1 - d^2)[4c_0^2 - 8c_0 c_n d + c_n^2(8 - 3d^2 - d^4)]\}/[4(8 - 7d^2 - d^4)] + 16(1 - d^2)c_r'^2/[(4 - d^2)^2(8 + d^2)]$。通过与式（4-18）的比较，可以得出 OEM 向第三方再制造商提供废旧产品的条件，由定理 4.4 给出。$\pi_c^{T*} \geqslant \pi_m^{S*}$，即 $0 < F < F_5$ 时，OEM 宁愿自己生产，其中，$F_5 = [c_r(c_r - 2a_r - 2c_n d)(8 + d^2) + (a_r + c_n d)^2(4 + d^2) + 8(a_r + c_n d)c_0 - 4c_0^2]/[4(8 + d^2)] + [16(1 - d^2)c_r'^2]/[(4 - d^2)^2(8 + d^2)]$。由 F_5 可以看出，OEM 的产品线扩张边界与新产品的市场规模无关，仅与再制造产品的市场规模相关。当 $c_0 < a_r + c_n d$ 时，OEM 扩张区间随着回收成本的增加而扩大。由图 4-6 可知，产品竞争越激烈，OEM 越不愿意仅做废旧产品供应商，自身扩张产品线的动机越强。

再制造产品单位生产成本增加时，OEM 愿意直接进入再制造市场的动机越弱。

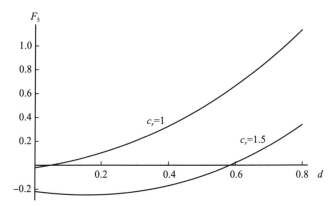

图 4-6 OEM 扩张区间受产品替代系数和再制造产品单位生产成本影响

定理 4.4 若单位回收成本 $c_0 \in (c_{01-}, \max\{c_{01+}, c_r\})$，则 OEM 选择产品线扩张策略；否则，OEM 向第三方再制造商销售废旧零部件。

证明：由于 $\partial^2 F_5/\partial c_0^2 = -2/(8+d^2) < 0$，所以，$F_5$ 为 c_0 的凹函数，$F_5 = 0$ 关于 c_0 的求根判别公式非负，因此，存在两个根 $c_{01\pm}$，

$$c_{01\pm} = [a_r(32-16d^2+2d^4)+2c_n(16d-8d^3+d^5) \pm (4-d^2) \times$$

$$\sqrt{(a_r-c_r+c_nd)^2(4-d^2)^2(8+d^2)+64(1-d^2)c_r'^2}]/[2(4-d^2)^2]。$$

若 $c_0 \in (c_{01-}, \max\{c_{01+}, c_r\})$，有 $F_5 > 0$。

由定理 4.4 可知，单位废旧产品回收成本适中时，OEM 生产再制造产品；回收成本高时，OEM 作为废旧产品制造商能够获得更多的收益。图 4-7 对比分析了不同情况下 OEM 产品线扩张区间上限的大小。

图 4-7 给出了市场中第三方竞争以及 OEM 废旧产品回收渠道

控制权对 OEM 产品线扩张决策的影响。由图 4 - 7 可见，存在第三方竞争者时，OEM 的扩张区间最大；作为第三方再制造商的废旧物品供应商是否能够使其利润水平提高，取决于再制造产品的市场规模。当且仅当再制造产品市场规模足够小时，OEM 才会考虑作为废旧产品供应商，从第三方处获取部分边际收益。再制造产品市场规模足够大时，OEM 更愿意直接参与回收再制造过程。若第三方再制造商没有废旧产品的直接回收渠道，而只能从 OEM 处采购时，OEM 的扩张动机削弱，这是因为，OEM 可以通过废旧产品的批发价格影响再制造产品的最终销售价格，从而削弱再制造产品对新产品的市场挤兑效应。

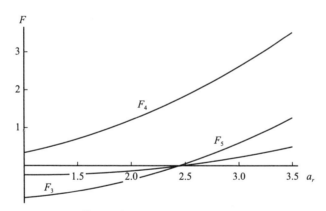

图 4 - 7 OEM 不同策略下产品线扩张区间受再制造产品市场规模的影响

4.6 本章小结

本章研究了市场中存在第三方竞争者时 OEM 的产品线扩张决

策，其中，OEM 产品线扩张过程中需要投入固定成本。为了研究竞争对产品线扩张决策的影响，比较了生产市场中存在竞争者和不存在竞争者时 OEM 的利润函数，从而得到不同情况下 OEM 的扩张区间。不存在外部竞争时，再制造产品和新产品之间的替代系数越大，OEM 为了减少产品线内部的竞争，越不愿意推出再制造产品；而当市场中存在竞争者时，为了防止外部再制造产品对新产品产生市场挤兑效应，产品线扩张动机反而随着产品之间替代系数的增加而增加。通过与集中渠道下情况下比较，得出分散供应链中的双边际效应会削弱 OEM 的扩张动机，而且集中供应链中竞争因素对产品线扩张的影响更强。

与已有的产品线管理相关文献不同，本书加入了市场竞争的因素，并考虑了不同销售渠道与竞争之间的相互作用。扩展模型中，进一步分析了再制造商不具有废旧产品回收渠道的情形，通过对比分析得出，OEM 控制废旧产品的回收渠道能够缓解外部竞争带来的影响。

第5章 产品线组件结构
设计策略

消费者购买产品过程中，产品质量和价格是消费者考虑的两个重要因素。制造商生产过程中，采用不同的零部件生产策略会影响最终产品质量水平以及产品之间的替代性；同时零部件生产策略会受上游供应商零部件批发价格的影响。对于零部件供应商而言，下游的产品线设计策略同样影响其利润水平。通过建立两个博弈模型，以分析供应链上游、下游企业之间的交互作用对共同组件策略的影响，以及供应商的批发价格策略。

5.1 问题背景

全球化的进程下，为了应对激烈的竞争，越来越多的行业提供多种产品以满足消费者多样性的需求。市场中不同的消费者对产品质量具有不同要求，联想公司推出 IdeaPad 和 ThinkPad 两个系列的电脑，每个系列又分为 6 个不同的种类，为个人用户和企业用户提供了多种选择。产品多样化赋予了企业增加市场份额的机会，然而，也使得产品制造商面临着巨大的运营挑战。同一条产品线上不同产品是否采用通用的零部件，是产品制造企业设计产品线的过程中面对的一个重要决策。现实生活中，有一些企业已经实施共同组件策略，如通用汽车生产 Lexus 和 Camry 两种车型时，利用相同的引擎和生产平台（Desal et al.，2001）。苹果手机引入新产品时，会在不同款的手机里采用相同的显示屏、电池、电源和耳机等设备，但同时会采用不同的芯片和摄像头以突出产品之间的差异性。

随着社会化分工的深入，大部分企业不再参与产品制造的全过程，而是有选择性地从上游供应商处采购关键零部件，并利用企业自有的核心生产技术和能力完成最终产品的生产。选择购买零部件的过程中，产品制造商既可以选择采购质量水平不同的零部件来增加最终产品之间的差异化，又可以选择购买相同质量水平的零部件以从供应商处获取相对具有竞争性的价格。实践中，一些企业选择采用共同的组件，例如，华为生产两款电脑 MateBook D14 和 MateBook D15 时，可以采用英特尔生产的同一型号处理器。而联想公司推出 Thinkpad E15 时，则通过向上游购买 I5 和 I7 两种类型的处理器，以增加产品之间的差异化程度，给予消费者更多的购物选择。制造商不同的零部件采购策略直接影响到最终产品之间的替代性，而替代性将进一步影响产品线上产品之间的价格竞争。产品之间不同的竞争程度影响到产品最终的市场需求，并反过来影响零部件供应商的盈利水平。因此，在供应链环境中研究零部件供应商的定价策略非常重要，这也是本章要解决的重要问题之一。

目前，已有的关于共同组件的文章多从制造商的角度分析共同组件给企业带来的成本和收益之间的权衡问题（Chakravarty & Bal-akrishnan，2001），而忽视了零部件供应商的定价策略和收益水平。然而，制造商所采取的生产策略将直接影响到向供应商处采购的零部件的数量，以及供应商处的利润水平。对于零部件供应商而言，下游制造商的产品线策略可能会损害自身的收益水平。因此，供应商必须策略性地制定零部件的批发价格，以引导制造商选择能够使供应商利润最大化的策略。制造商产品线设计过程中的共同组件策略使得零部件供应商的定价决策变得复杂，本章将重点分析产品制造商可能选取共同组件策略的情况下，零部件供应商的定价策略。

　　基于上述分析，将通过建立博弈模型来分析供应商的定价策略以及制造商的共同组件策略。制造商向两个细分市场提供两种质量水平不同的产品，假设每种产品由两个核心零部件构成，其中，一个零部件由上游供应商提供，另一个则由制造商生产。制造商决定从供应商处采购的零部件品种（高/低质量水平）。首先，由受产品质量水平和销售价格影响的消费者效用函数，得到产品的市场需求，分析不同产品线组件构成对供应商利润的影响情况，在此基础上探索供应商最优的定价策略。其次，供应链环境中，决策主体通常具有不同的渠道权利，通过对比不同权利结构对供应商和制造商利润水平的影响，以探索供应链中是否存在先动优势。

5.2　基本模型（批发价格优先）

　　一个供应商和一个制造商构成的供应链，制造商向上游供应商采购一个关键的零部件 A。制造商的最终产品由零部件 A 和自己生产的零部件 B 构成。为了满足不同细分市场的需求，制造商提供两种质量水平的产品，高端产品（H）和低端产品（L），记为 i，$i = H, L$。类似于德赛等（Desai et al.，2001），假设消费者感知到的产品质量水平为 q_i，$i = H, L$，其中，q_i 为 i 细分市场上的产品质量，且 $q_H > q_L > 0$。供应商为 i 细分市场上提供的零部件 A，质量水平记为 q_{Ai}，边际生产成本为 c_{Ai}，$c_{AH} > c_{AL}$。为了更好地研究产品线设计策略相关影响因素，此处，假设用于 L 市场零部件 B 的边际生产成本为 0；用于 H 市场零部件 B 的边际生产成本为 c_{BH}。

最终产品的生产过程中，制造商可以选择不同的零部件构成策略，即选择单种或者两种不同质量水平的零部件 A 与自己生产的两种质量水平零部件 B 进行组装。制造商有三种产品线结构策略：（1）使用低质量的零部件 A 为共同组件，q_{AL}，LL；（2）使用高质量的零部件 A 为共同组件，q_{AH}，HH；（3）采购两种质量水平的零部件 A，LH，从而提供两种完全差异化的产品。产品的质量水平取决于构成产品的零部件结构与质量水平。用上标"LH"表示共同组件策略为采用两种完全差异化的零部件 A，此时，消费者所感知到的最终产品质量为 $q_i^{LH} = \omega_A q_{Ai} + \omega_B q_{Bi}$，$i = H, L$，其中，$\omega_A$ 和 ω_B 分别为消费者赋予零部件 A 和 B 的质量权重系数。当制造商选择"LL"策略时，产品质量水平为 $q_i^{LL} = \omega_A q_{AL} + \omega_B q_{Bi}$；当制造商选择"$HH$"策略时，产品质量水平为 $q_i^{HH} = \omega_A q_{AH} + \omega_B q_{Bi}$。进一步，可以发现 $q_L^{LH} = q_L^{LL}$，$q_H^{LH} = q_H^{HH}$，即采用低质量的零部件 A 为共同组件时，市场中低端产品质量水平不发生改变；采用高质量的零部件 A 为共同组件时，市场中高端产品质量水平不发生改变。

考虑一个消费者异质的销售市场，消费者对产品质量的偏好程度不同，记消费者的偏好程度为 θ。消费者购买产品 i 获得的效用函数可以表达为 $U(\theta, p_i, q_i) = \theta q_i - p_i$，其中，$p_i$ 是产品 i 的零售价格。假设消费者市场规模为 1，类似于已有的文献（Chayet et al.，2011；Yu，2012），假设消费者对产品质量的偏好 θ 服从 [0，1] 上的均匀分布。产品购买过程中，消费者选择能给自己带来最大正效用的产品。因此，当且仅当 $\theta q_H - p_H \geq \theta q_L - p_L$ 且 $\theta q_H - p_H \geq 0$ 时，消费者才会购买高端产品，其中，$\theta q_H - p_H \geq \theta q_L - p_L$ 等价于 $\theta \geq \theta_1 = \dfrac{p_H - p_L}{q_H - q_L}$；当 $\theta q_L - p_L \geq \theta q_H - p_H$ 且 $\theta q_L - p_L \geq 0$ 时，即 $\theta \in (p_L/q_L, \theta_1)$ 时，消费者购买低端产品。类似于于（Yu，2012），图 5 - 1 描述了两种产品情况下，消费者效用函数随其质量偏好的变化情况。令 $\theta_2 = p_L/q_L (> 0)$，所以有消费者的质量偏好系数 $\theta \in [\theta_1, 1]$ 时，消

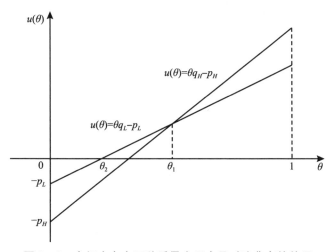

图 5 - 1 市场中存在两种质量水平产品时消费者的效用

费者购买高端产品；$\theta \in [\theta_2, \theta_1)$ 时，消费者购买低端产品。此时，高端产品的市场参与约束 $\theta q_H - p_H \geqslant 0$ 恒成立。因此，高端产品需求为 $D_H = 1 - \theta_1$，低端产品市场需求为 $D_L = \theta_1 - \theta_2$。为了保证两个产品的需求均非负，$0 < \theta_2 < \theta_1 < 1$ 必须成立。

从 θ_1 和 θ_2 的表达式可以得到 $p_H = q_H \theta_1 + q_L (\theta_2 - \theta_1)$ 和 $p_L = \theta_2 q_L$。因此，可以用 θ_1 和 θ_2 来代替产品零售价格作为决策变量。如果制造商选择 LH 策略［用高（低）质量零部件 A 和 B 来生产高（低）质量最终产品］，供应商的利润函数为：

$$\pi_s^{LH}(\theta_1, \theta_2, w_{AL}, w_{AH}) = (1 - \theta_1)(w_{AH} - c_{AH}) + (\theta_1 - \theta_2)(w_{AL} - c_{AL}) \tag{5-1}$$

因此，制造商的利润函数可以表达为：

$$\begin{aligned} \pi_m^{LH}(\theta_1, \theta_2, w_{AL}, w_{AH}) = (1 - \theta_1)[q_H^{LH}\theta_1 + q_L^{LH}(\theta_2 - \theta_1) - w_{AH} - c_{BH}] \\ + (\theta_1 - \theta_2)(q_L^{LH}\theta_2 - w_{AL}) \end{aligned} \tag{5-2}$$

若制造商选择 LL 策略，供应商的利润函数为：

$$\pi_s^{LL}(\theta_1, \theta_2, w_{AL}) = (1 - \theta_2)(w_{AL} - c_{AL}) \tag{5-3}$$

其中，$(1 - \theta_2)$ 为制造商采购的零部件 A 的总数量。

制造商的利润函数为：

$$\begin{aligned} \pi_m^{LL}(\theta_1, \theta_2, w_{AL}) = (1 - \theta_1)[q_H^{LL}\theta_1 + q_L^{LL}(\theta_2 - \theta_1) - w_{AL} - c_{BH}] \\ + (\theta_1 - \theta_2)(q_L^{LL}\theta_2 - w_{AL}) \end{aligned} \tag{5-4}$$

其中，第一项表示制造商从销售高端产品中所获的收益，第二项表示从销售低端产品中获得的收益。

若制造商选择 HH 策略，供应商的利润函数为：

$$\pi_s^{HH}(\theta_1, \theta_2, w_{AH}) = (1 - \theta_2)(w_{AH} - c_{AH}) \tag{5-5}$$

制造商的利润函数为：

$$\pi_m^{HH}(\theta_1,\ \theta_2,\ w_{AH}) = (1-\theta_1)\big[\,q_H^{HH}\theta_1 + q_L^{HH}(\theta_2-\theta_1) - w_{AH} - c_{BH}\,\big]$$
$$+(\theta_1-\theta_2)(q_L^{HH}\theta_2 - w_{AH}) \qquad (5-6)$$

根据单位批发价格和共同组件决策时间顺序的不同，本章分析批发价格优先和共同组件策略优先两种场景。基本模型中，首先给出批发价格优先的情况，在这种情景下，制造商观察到供应商处零部件批发价格以后决定产品线的共同组件策略，具体博弈顺序如下。

（1）供应商决定零部件 A 的批发价格 $(w_{AL},\ w_{AH})$。

（2）观察到批发价格以后，制造商首先决定产品线设计过程中是否采用共同组件策略，采用高质量的共同组件 A、采用低质量的共同组件 A 或者购买两种质量水平的零部件 A；其次，决定最终产品的零售价格。

利用逆向归纳法，得到博弈的子博弈纳什均衡。

5.3　均衡结果分析

5.3.1　制造商的反应策略

给定零部件 A 的批发价格组合，可以得到制造商的价格反应函数（θ_1 和 θ_2），进而可以分别得到高端产品和低端产品的市场需求和零售价格，由定理 5.1 给出。为了保证两种产品的市场需求均为正值，假设产品的差异化程度足够大，$q_H^{LL}-q_L^{LL}>c_{BH}$。由最终产品的质量表达式可以得到 $q_H^{LH}-q_L^{LH}>q_H^{LL}-q_L^{LL}=q_H^{HH}-q_L^{HH}$。

定理 5.1 （ⅰ）采用共同组件策略 LH 时，高、低端两个产品

的零售价格为 $p_H^{LH}(w_{AH}) = (c_{BH} + q_H^{LH} + w_{AH})/2$，$p_L^{LH}(w_{AL}) = (q_L^{LH} + w_{AL})/2$；市场需求分别为 $D_H^{LH}(w_{AL}, w_{AH}) = \dfrac{1}{2} - \dfrac{c_{BH} + (w_{AH} - w_{AL})}{2(q_H^{LH} - q_L^{LH})}$，

$D_L^{LH}(w_{AL}, w_{AH}) = \dfrac{c_{BH}q_L^{LH} + w_{AH}q_L^{LH} - w_{AL}q_H^{LH}}{2q_L^{LH}(q_H^{LH} - q_L^{LH})}$；（ii）采用共同组件策略 LL

时，高、低端两个产品的零售价格为 $p_H^{LL}(w_{AL}) = (c_{BH} + q_H^{LL} + w_{AL})/2$，

$p_L^{LL}(w_{AL}) = p_L^{LH}(w_{AL})$；市场需求分别为 $D_H^{LL*} = \dfrac{1}{2} - \dfrac{c_{BH}}{2(q_H^{LL} - q_L^{LL})}$，

$D_L^{LL}(w_{AL}) = \dfrac{c_{BH}}{2(q_H^{LL} - q_L^{LL})} - \dfrac{w_{AL}}{2q_L^{LL}}$；（iii）采用共同组件策略 HH 时，高

端、低端两个产品的零售价格为 $p_H^{HH}(w_{AH}) = p_H^{LH}(w_{AH})$，$p_L^{HH}(w_{AH}) = \dfrac{q_L^{HH} + w_{AH}}{2}$；市场需求分别为 $D_H^{HH*} = D_H^{LL*}$，$D_L^{HH}(w_{AH}) = \dfrac{c_{BH}}{2(q_H^{HH} - q_L^{HH})} -$

$\dfrac{w_{AH}}{2q_L^{HH}}$。

　　证明：$\pi_m^{LH}(\theta_1, \theta_2, w_{AH}, w_{AL})$ 关于 (θ_1, θ_2) 的海塞矩阵为

$$\begin{pmatrix} -2(q_H^{LH} - q_L^{LH}) & 0 \\ 0 & -2q_L^{LH} \end{pmatrix}$$。由于 $q_H^{LH} > q_L^{LH}$，所以海塞矩阵为负定。

因此，求解一阶条件关于 (θ_1, θ_2) 的解 $\partial \pi_m^{LH}(\theta_1, \theta_2, w_{AH}, w_{AL})/\partial\theta_1 = 0$ 和 $\partial \pi_m^{LH}(\theta_1, \theta_2, w_{AH}, w_{AL})/\partial\theta_2 = 0$，可以得到：

$$\theta_1^{LH}(w_{AL}, w_{AH}) = \frac{c_{BH} + q_H^{LH} - q_L^{LH} + w_{AH} - w_{AL}}{2(q_H^{LH} - q_L^{LH})}, \quad \theta_2^{LH}(w_{AL}, w_{AH}) = \frac{q_L^{LH} + w_{AL}}{2q_L^{LH}}$$

$$(5 - 7)$$

　　把 θ_1^{LH} 和 θ_2^{LH} 代入 D_H^{LH}、D_L^{LH} 和 $p_H^{LH} = q_H^{LH}\theta_1 + q_L^{LH}(\theta_2 - \theta_1)$、$p_L^{LH} = \theta_2 q_L^{LH}$ 中，可以得到制造商的市场需求和零售价格。类似地，可以得

到制造商采用共同组件时的反应函数。

定理 5.1 表明 LH 策略下，高端产品的市场需求随着产品差异化程度（最终产品质量水平差异）的增加而增加。当产品差异化程度增加时，原本购买低端产品的消费者会向高端市场转移。低端产品市场需求随着自己质量水平的增加而增加，随着高端产品质量水平的增加而减小。这是因为，当低端产品质量提高时，两个产品的市场总需求增加而高端产品的市场需求降低。然而，当高端产品质量提高时，一部分低端市场消费者转而采购高端产品，导致低端产品需求降低。当高质量零部件 B 的单位生产成本增加时，高端产品的市场需求降低，低端产品的市场需求增加。如果制造商选择采用共同组件，那么高端产品的市场需求仅与最终产品的质量差异和高质量零部件 B 的单位生产成本有关。由 $q_H^{LL} - q_L^{LL} = q_H^{HH} - q_L^{HH}$ 可知，HH 策略下高端产品的市场需求等同于 LL 策略情形，即 $D_H^{HH*} = D_H^{LL*}$。

从定理 5.1 还可以知道，高端产品的零售价格随着自身质量水平、零部件 B 单位生产成本，以及零部件 B 批发价格的增加而增加。由于 $q_H^{LH} = q_H^{HH}$，LH 和 HH 两种策略下，高端产品的零售价格相同；LL 策略下，由于高端产品质量水平降低，所以，其零售价格也随之降低。类似地，可知，LH 和 LL 两种策略下，低端产品的零售价格相等，均低于 HH 策略时低端产品销售价格。

为了确保制造商采用不同策略时的利润比较有意义，供应商的零部件批发价格应该能够使得制造商三种不同策略下两种质量水平的产品均具有非负需求。引理 5.1 给出有效的参数设定情况。

引理 5.1　当 $w_{AH} - \left[(q_H^{LH} - q_L^{LH}) - c_{BH} \right] < w_{AL} < \dfrac{c_{BH} q_L^{LH}}{q_H^{LL} - q_L^{LH}}$，$\dfrac{q_H^{LH} w_{AL}}{q_L^{LH}} -$

$c_{BH} < w_{AH} < \dfrac{c_{BH}q_L^{HH}}{q_H^{LH} - q_L^{HH}}$ 时，三种策略下两种质量水平的产品需求均为正。

证明：从 $D_H^{LH}(w_{AL}, w_{AH}) > 0$ 和 $D_L^{LH}(w_{AL}, w_{AH}) > 0$，可以得到：

$$(q_H^{LH} - q_L^{LH}) - (w_{AH} - w_{AL}) > c_{BH} > q_H^{LH}w_{AL}/q_L^{LH} - w_{AH} \quad (5-8)$$

类似地，可以有：

$$q_H^{LL} - q_L^{LL} > c_{BH} > (q_H^{LL} - q_L^{LL})w_{AL}/q_L^{LL} \quad (5-9)$$

$$q_H^{HH} - q_L^{HH} > c_{BH} > (q_H^{HH} - q_L^{HH})w_{AH}/q_L^{HH} \quad (5-10)$$

联合考虑式（5-8）、式（5-9）和式（5-10），可以得到供应商的批发价格区间。

制造商采用共同组件 LL 和 HH 策略时，若零部件 A 的单位批发价格增加，产品的零售价格随之增加，从而导致低端产品的市场需求降低。从引理 5.1 可知，高、低质量零部件 A 的批发价格应该足够低 $\left(w_{AL} < \dfrac{c_{BH}q_L^{LL}}{q_H^{LL} - q_L^{LL}}, w_{AH} < \dfrac{c_{BH}q_L^{HH}}{q_H^{HH} - q_L^{HH}}\right)$，以保证制造商采用共同组件时，低端产品的市场需求非负。从定理 5.1 可知，$D_H^{LH}(w_{AL}, w_{AH}) > D_H^{LL*} = D_H^{HH*}$ 等价于 $w_{AH} - w_{AL} < c_{BH}\left(\dfrac{q_H^{LH} - q_L^{LH}}{q_H^{LL} - q_L^{LL}} - 1\right)$，该不等式在引理 5.1 给定区间内恒成立。由此可知，使用共同组件时，产品之间差异化程度降低，高端产品的市场需求低于 LH 策略。

把反应函数代入式（5-2）、式（5-4）和式（5-6），可以得到制造商的利润函数 $\pi_m^{LH}(w_{AL}, w_{AH})$，$\pi_m^{LL}(w_{AL})$ 和 $\pi_m^{HH}(w_{AH})$。引理 5.2 给出了制造商利润函数受单位批发价格的影响情况。

引理 5.2 （ⅰ）若制造商采用共同组件策略 LH，其利润函数在每个细分市场是单位批发价格的凸函数且随其增加而降低；（ⅱ）若制造商采用共同组件策略 LL 或 HH，其利润函数是批发价格的凸函数且随着批发价格的增加而降低。

证明：求 $\pi_m^{LH}(w_{AL}, w_{AH})$ 关于 w_{AH} 的一阶偏导，有 $\partial \pi_m^{LH}(w_{AL},$

$$w_{AH})/\partial w_{AH} = \frac{c_{BH} - q_H^{LH} + q_L^{LH} + w_{AH} - w_{AL}}{2(q_H^{LH} - q_L^{LH})} = -D_H^{LH}(w_{AL}, w_{AH}) < 0, \partial^2 \pi_m^{LH}$$

$(w_{AL}, w_{AH})/\partial w_{AH}^2 = 1/[2(q_H^{LH} - q_L^{LH})] > 0$。

类似地，由引理 5.1 和 $q_H^{LL} - q_L^{LL} > c_{BH}$，可以得到其他结论。

引理 5.2 意味着在引理 5.1 给定的范围内，制造商利润函数随着单位批发价格降低的速度越来越快。

给定零部件批发价格的情况下，通过比较不同共同组件策略下制造商利润函数，可以得到制造商的最优生产策略。令 $F_1 = \pi_m^{LH}(w_{AL}, w_{AH}) - \pi_m^{LL}(w_{AL})$，$F_2 = \pi_m^{LH}(w_{AL}, w_{AH}) - \pi_m^{HH}(w_{AH})$，$F_3 = \pi_m^{HH}(w_{AH}) - \pi_m^{LL}(w_{AL})$。当 $F_1 \geqslant 0$ 且 $F_2 \geqslant 0$ 时，制造商选择完全差异化产品策略；当 $F_1 < 0$ 且 $F_3 < 0$ 时，制造商选择低质量共同组件策略；当 $F_2 < 0$ 且 $F_3 \geqslant 0$ 时，制造商选择高质量共同组件策略。

定理 5.2 总结了给定批发价格时制造商的共同组件策略，同样由图 5-2 给出。

定理 5.2　如果 $(w_{AL}, w_{AH}) \in I$，制造商采用共同组件策略 LH；若 $(w_{AL}, w_{AH}) \in II$，制造商使用策略 LL；若 $(W_{AL}, W_{AH} | \in III)$，制造商用 HH 策略，其中，$I = \{(w_{AL}, w_{AH}) | w_{AL} + \Delta w_- \geqslant w_{AH} \geqslant (w_{AL} - B_1)/A_1\}$，$II = \{(w_{AL}, w_{AH}) | w_{AH} > \max\{w_{AL} + \Delta w_-, w_{AH-}\}\}$，$III = \{(w_{AL}, w_{AH}) | w_{AH} < \min\{(w_{AL} - B_1)/A_1, w_{AH-}\}\}$，$w_{AH-} = \sqrt{q_L^{HH}/q_L^{LH}}$

$w_{AL} + q_L^{HH} - \sqrt{q_L^{HH} q_L^{LH}}$，$A_1 = \dfrac{q_L^{HH} q_L^{LH} + \sqrt{(q_H^{LH} - q_L^{HH})(q_H^{LH} - q_L^{LH}) q_L^{HH} q_L^{LH}}}{q_L^{HH} q_H^{LH}}$，

$$B_1 = \frac{q_L^{LH}(q_H^{LH} - q_L^{HH}) - \sqrt{(q_H^{LH} - q_L^{LH})(q_H^{LH} - q_L^{LH})q_L^{HH}q_L^{LH}}}{q_H^{LH}(q_H^{LH} - q_L^{HH})} c_{BH}, \quad 和 \quad \Delta w_- =$$

$$\frac{(q_H^{LH} - q_L^{LH} - c_{BH})(q_H^{LL} - q_L^{LH}) - (q_H^{LL} - q_L^{LH} - c_{BH})\sqrt{(q_H^{LH} - q_L^{LH})(q_H^{LL} - q_L^{LH})}}{q_H^{LL} - q_L^{LH}}。$$

证明：由 $q_L^{LL} = q_L^{LH}$，式（5-2）式（5-4），可以得到 $F_1(\Delta w) = \{(q_H^{LH} - q_L^{LH})\Delta w^2 + 2[c_{BH} - (q_H^{LH} - q_L^{LH})](q_H^{LL} - q_L^{LH})\Delta w + [(q_H^{LH} - q_L^{LH})(q_H^{LL} - q_L^{LH}) - c_{BH}^2](q_H^{LH} - q_H^{LL})\}/[4(q_H^{LH} - q_L^{LH})(q_H^{LL} - q_L^{LH})]$，其中，$\Delta w = w_{AH} - w_{AL}$。

求 $F_1(\Delta w)$ 关于 Δw 的二阶偏导，有 $\partial^2 F_1(\Delta w)/\partial \Delta w^2 = 1/[2(q_H^{LH} - 2q_L^{LH})] > 0$。求 $F_1(\Delta w) = 0$，可以得到两个正根 $\Delta w_\pm$，其中，

$$\Delta w_\pm = \frac{(q_H^{LH} - q_L^{LH} - c_{BH})(q_H^{LL} - q_L^{LH}) \pm (q_H^{LL} - q_L^{LH} - c_{BH})\sqrt{(q_H^{LH} - q_L^{LH})(q_H^{LL} - q_L^{LH})}}{q_H^{LL} - q_L^{LH}}。$$

求 $F_1(\Delta w)$ 关于 Δw 的一阶条件 $\partial F_1(\Delta w)/\partial \Delta w = 0$，有 $\Delta w_1 = q_H^{LH} - q_L^{LH} - c_{BH}$。由引理 5.1，可知，$\Delta w < \Delta w_1$。所以，$F_1(\Delta w) \geqslant 0$ 等价于 $\Delta w \leqslant \Delta w_-$。

由 $q_H^{HH} = q_H^{LH}$，可得 $F_{20} = F_2 \times 4q_L^{LH}q_L^{HH}(q_H^{LH} - q_L^{LH})(q_H^{LH} - q_L^{HH})$，其中，

$F_{20}(w_{AL}, w_{AH}) = q_L^{HH}q_H^{LH}(q_H^{LH} - q_L^{HH})w_{AL}^2 - 2(q_H^{LH} - q_L^{LH})q_L^{LH}q_L^{HH}(c_{BH} + w_{AH})w_{AL} + 2c_{BH}q_L^{LH}(q_H^{LH} - q_L^{HH})q_L^{HH}w_{AH} + (q_H^{LH} - q_L^{LH})(q_L^{LH} + q_H^{LH} - q_L^{LH})q_L^{LH}w_{AH}^2 + c_{BH}^2q_L^{LH}(q_H^{LH} - q_L^{HH})q_L^{HH}$ 是 w_{AL} 的凸函数。$F_2 \geqslant 0$ 等价于 $F_{20} \geqslant 0$，$F_{20}(w_{AL}, w_{AH}) = 0$ 有两个解 $w_{AL\pm}$。由 $\partial F_{20}(w_{AL}, w_{AH})/\partial w_{AL} = 0$ 可得 $w_{AL1} = q_L^{LH}(c_{BH} + w_{AH})/q_H^{LH}$。由引理 5.1 可知，$w_{AL} < q_L^{LH}(c_{BH} + w_{AH})/q_H^{LH}$。因此，$F_2(w_{AL}, w_{AH}) \geqslant 0$ 等价于 $w_{AL} \leqslant w_{AL-} = A_1 w_{AH} + B_1$。类似地，由 $q_H^{HH} - q_L^{HH} > c_{BH}$，$q_H^{HH} = q_H^{LL} - q_L^{LL} + q_L^{HH}$ 和引理 5.2 可知，

$F_3(w_{AL}, w_{AH}) \geqslant 0$ 等价于 $w_{AH} \leqslant w_{AH-}$，其中，w_{AH-} 在定理 5.2 中给出。

由 $q_H^{LH} - q_H^{LL} = q_L^{HH} - q_L^{LH}$，$q_H^{HH} - q_H^{LH} = q_L^{LL} - q_L^{LL}$，$q_H^{HH} = q_H^{LH}$，和 $q_L^{LL} = q_L^{LH}$，可以得到 $w_{AH} - w_{AL} = \Delta w_-$，$w_{AL} = w_{AL-}$ 和 $w_{AH} = w_{AH-}$ 相交于同一点 (w_{AL0}, w_{AH0})。

由 $q_H^{LH} > q_L^{LH}$ 和 $q_L^{HH} > q_L^{LH}$，可以得到 $A_1 < 1$。而 $1/A_1 > \sqrt{q_L^{HH}/q_L^{LH}} > 1$ 等价于 $2\sqrt{q_L^{HH}q_L^{LH}} + 2\sqrt{(q_H^{LH} - q_H^{HH})(q_H^{LH} - q_L^{LH})} < 2q_H^{LH}$，因为 $2\sqrt{q_L^{HH}q_L^{LH}} + 2\sqrt{(q_H^{LH} - q_L^{HH})(q_H^{LH} - q_L^{LH})} < (q_L^{HH} + q_L^{LH}) + (q_H^{LH} - q_L^{LH}) + (q_H^{LH} - q_L^{LH})$。

综上所述，可以把批发价格的可行域划分为三个部分 *I*、*II* 和 *III*。

定理 5.2 不仅回答了给定批发价格情况下制造商的反应函数，还给供应商如何制定批发价格策略提供了指导。图 5－2 表明批发价格 w_{AL0} 和 w_{AH0} 是两个非常重要的阈值，当且仅当高、低质量零部件的批发价格低于该阈值时，制造商才会采用策略 *LH*。由引理 5.2 可知，高质量零部件 A 批发价格越高，制造商采用 *LH* 策略时制造商的利润越低，而采用 *LL* 策略时利润不变。因此，供应商可以通过提高高质量零部件 A 的批发价格来引导制造商仅采购低质量零部件 A。同样地，当供应商为低质量零部件提供一个足够高的批发价格时，制造商将采用 *HH* 策略。当单位零部件批发价格足够高时（$w_{AL} > w_{AL0}$ 或 $w_{AH} > w_{AH0}$），制造商选择使用共同组件所获得的利润更高。

从定理 5.2 可知，线 $w_{AH} = (w_{AL} - B_1)/A_1$ 的斜率最高，$w_{AH} = w_{AL} + \Delta w_-$ 斜率最低。

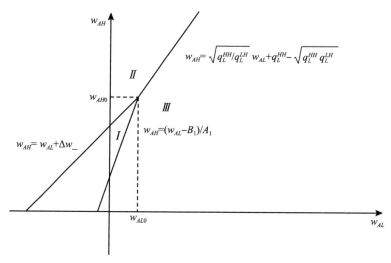

图 5-2 制造商生产策略与批发价格区间

5.3.2 供应商的零部件定价策略

制造商的共同组件策略依赖于供应商的批发价格策略，本节将主要分析单位批发价格决策。考虑制造商的反应函数，供应商在区域（I、II 和 III）内利润函数分别为：

$$
\pi_s^I(w_{AL}, w_{AH}) = \{ q_L^{LH}(w_{AH} - c_{AH})(q_H^{LH} - q_L^{LH} - c_{BH} - w_{AH} + w_{AL}) + (w_{AL} - c_{AL})[(c_{BH} + w_{AH})q_L^{LH} - w_{AL}q_H^{LH}]\} / [2q_L^{LH}(q_H^{LH} - q_L^{LH})]
$$

$$
(5-11)
$$

$$
\pi_s^{II}(w_{AL}) = [-w_{AL}^2 + (c_{AL} + q_L^{LL})w_{AL} - c_{AL}q_L^{LL}]/(2q_L^{LL}) \quad (5-12)
$$

$$
\pi_s^{III}(w_{AH}) = [-w_{AH}^2 + (c_{AH} + q_L^{HH})w_{AH} - c_{AH}q_L^{HH}]/(2q_L^{HH})
$$

$$
(5-13)
$$

供应商给出在可行域内利润最大化的零部件批发价格，由式（5-11）、式（5-12）和式（5-13），可以得到定理 5.3。

定理 5.3 （ⅰ）若 $\pi_s^I(w_{AL}^{I*}, w_{AH}^{I*}) \geqslant \max\{\pi_s^{II}(w_{AL}^{II*}), \pi_s^{III}(w_{AH}^{III*})\}$，

供应商向制造商销售两种质量水平的零部件 A，批发价格的子博弈纳什均衡为：

$$(w_{AL}^{I*}, w_{AH}^{I*}) =$$

$$\begin{cases} (w_{AL1}^{I}, w_{AH1}^{I}), & 若 (w_{AL1}^{I}, w_{AH1}^{I}) \in I \\ (w_{AL2}^{I}, w_{AH2}^{I}), & 若 w_{AL1}^{I} + \Delta w_{-} \geqslant w_{AH1}^{I}, w_{AH1}^{I} < (w_{AL1}^{I} - B_1)/A_1, w_{AL2}^{I} < w_{AH0} \\ (w_{AL3}^{I}, w_{AH3}^{I}), & 若 w_{AL1}^{I} + \Delta w_{-} < w_{AH1}^{I}, w_{AH1}^{I} \geqslant (w_{AL1}^{I} - B_1)/A_1, w_{AL3}^{I} < w_{AL0} \\ (w_{AL0}, w_{AH0}), & 其他, \end{cases}$$

其中 $w_{AL1}^{I} = w_{AL3}^{I} = (c_{AL} + q_L^{LH})/2$，$w_{AH1}^{I} = (q_H^{LH} + c_{AH} - c_{BH})/2$，$w_{AH3}^{I} = w_{AL3}^{I} + \Delta w_{-}$，$w_{AL0} = (B_1 + A_1 \Delta w_{-})/(1 - A_1)$，$w_{AH0} = (\Delta w_{-} + B_1)/(1 - A_1)$，$w_{AL2}^{I} = A_1 w_{AH2}^{I} + B_1$，$w_{AH2}^{I} = [q_L^{LH}(2B_1 + c_{AH} - c_{AL} - c_{BH} + q_H^{LH} - q_L^{LH}) + A_1(-2B_1 q_H^{LH} + c_{AL} q_H^{LH} - c_{AH} q_L^{LH} + c_{BH} q_L^{LH})]/[2(A_1^2 q_H^{LH} + q_L^{LH} - 2A_1 q_L^{LH})]$。

（ⅱ）$\pi_s^{II}(w_{AL}^{II*}) \geqslant \max\{\pi_s^{I}(w_{AL}^{I*}, w_{AH}^{I*}), \pi_s^{III}(w_{AH}^{III*})\}$，供应商仅销售低质量零部件 A，均衡批发价格为 $w_{AL}^{II*} = (c_{AL} + q_L^{LL})/2$，此时，高质量零部件批发价格应该满足 $w_{AH}^{II*} > \max\{w_{AL}^{II*} + \Delta w_{-}, \sqrt{q_L^{HH}/q_L^{LH}} w_{AL}^{II*} + (q_L^{HH} - \sqrt{q_L^{HH} q_L^{LH}})\}$。

（ⅲ）若 $\pi_s^{III}(w_{AH}^{III*}) \geqslant \max\{\pi_s^{I}(w_{AL}^{I*}, w_{AH}^{I*}), \pi_s^{II}(w_{AL}^{II*})\}$，供应商仅以批发价格 $w_{AH}^{III*} = (c_{AH} + q_L^{HH})/2$ 销售高质量零部件 A，低质量零部件批发价格应该满足 $w_{AL}^{III} > \max\{\sqrt{q_L^{LH}/q_L^{HH}} w_{AH}^{III*} - (\sqrt{q_L^{LH} q_L^{HH}} - q_L^{LH}), B_1 + A_1 w_{AH}^{III*}\}$。

证明：从式（5-11）可知，$\pi_s^{I}(w_{AL}, w_{AH})$ 关于 (w_{AL}, w_{AH}) 的海塞矩阵为负定，因此，$\pi_s^{I}(w_{AL}, w_{AH})$ 为 (w_{AL}, w_{AH}) 的凹函数。不考虑批发价格约束时，求解一阶条件 $\partial \pi_s^{I}/\partial w_{AL} = 0, \partial \pi_s^{I}/\partial w_{AH} = 0$，可

以得到 $w_{AL1}^I = (c_{AL} + q_L^{LH})/2$，$w_{AH1}^I = (q_H^{LH} + c_{AH} - c_{BH})/2$。

由 $w_{AH} = (w_{AL} - B_1)/A_1$ 和 $w_{AH} = w_{AL} + \Delta w_-$，可以得到 w_{AH0} 和 w_{AL0}，由定理 5.3 中给出。

由定理 5.2 可知，当且仅当 $(w_{AL1}^I, w_{AH1}^I) \in I$ 时，制造商会采购两种质量水平的零部件。若 $w_{AL1}^I + \Delta w_- \geq w_{AH1}^I$ 且 $w_{AH1}^I < (w_{AL1}^I - B_1)/A_1$，由于 $F_2(w_{AL}, w_{AH})$ 为 w_{AL} 的减函数，供应商会在边界 $w_{AL} = A_1 w_{AH} + B_1$ 得到均衡批发价格。把 $w_{AL} = A_1 w_{AH} + B_1$ 代入 $\pi_s^I(w_{AL}, w_{AH})$，有关于 w_{AH} 的凹函数 $\pi_s^I(w_{AH})$。求解一阶条件，可以得到 w_{AH2}^I。若 $w_{AH2}^I < w_{AH0}$，单位批发价格为 $(A_1 w_{AH2}^I + B_1, w_{AH2}^I)$。

类似地，可以得到区域 I 中的其他解 $(w_{AL}^{I*}, w_{AH}^{I*})$。

从式（5-12）和式（5-13）可知，$\pi_s^{II}(w_{AL})$、$\pi_s^{III}(w_{AH})$ 分别为 w_{AL} 和 w_{AH} 的凹函数，因此，分别可以得到区域 I 和区域 II 中的最优批发价格。进一步，可以得到供应商的均衡利润：

$$\pi_s^{III}(w_{AH}^{III*}) = (q_L^{HH} - c_{AH})^2/(8q_L^{HH}), \quad \pi_s^{II}(w_{AL}^{II*}) = (q_L^{LL} - c_{AL})^2/(8q_L^{LL})$$

(5-14)

从定理 5.3 可知，若供应商提供两种质量水平的零部件 A，当 $(w_{AL1}^I, w_{AH1}^I) \in I$ 时，供应商决定批发价格 (w_{AL1}^I, w_{AH1}^I)。若仅提供单种零部件所得的利润更高，供应商会引导制造商采用共同组件。共同组件的单位批发价格随着单位生产成本和低端产品的质量水平增加而增加。如果零部件 B 的质量增加，制造商可以得到更多的单位收益，因此，供应商可以提高零部件的批发价格以获取更多的单位收益。

通过比较制造商采用两种共同组件时的均衡解，可以得到推论 5.1。

推论 5.1（i）$w_{AH}^{III*} > w_{AL}^{II*}$；（ii）如果 $c_{AH}/c_{AL} > q_L^{HH}/q_L^{LL}$，$D_L^{HH*} +$

$D_H^{HH*} < D_L^{LL*} + D_H^{LL*}$；（ⅲ）若 $q_L^{LL} (q_L^{HH} - c_{AH})^2 \geqslant q_L^{HH} (q_L^{LL} - c_{AL})^2$，供应商可以从共同组件 HH 中获得比 LL 更高的收益。

证明：（ⅰ）由均衡批发价格的表达式可知；

（ⅱ）把 w_{AH}^{III*} 和 w_{AL}^{II*} 分别代入 $D_L^{LL} (w_{AL})$ 和 $D_L^{HH} (w_{AH})$，可以得到，

$$D_L^{HH*} = \frac{2c_{BH}q_L^{HH} - (q_H^{HH} - q_L^{HH})(c_{AH} + q_L^{HH})}{4q_L^{HH}(q_H^{HH} - q_L^{HH})}, \quad D_L^{LL*} = \frac{2c_{BH}q_L^{LL} - (q_H^{LL} - q_L^{LL})(c_{AL} + q_L^{LL})}{4q_L^{LL}(q_H^{LL} - q_L^{LL})}。$$

又因为，$D_H^{HH*} = D_H^{LL*}$，因此，$D_L^{HH*} < D_L^{LL*}$ 等价于 $c_{AH}/c_{AL} > q_L^{HH}/q_L^{LL}$。由式（5-14），可以得到（ⅲ）中结论。

从推论 5.1 可知，高质量共同组件的批发价格高于低质量共同组件的批发价格。由于使用共同组件时，采用策略 HH 和 LL 两种情况下，高端产品的市场需求相等，因此，产品的市场总需求依赖于低端产品的市场需求。低端产品的零售价格随着低质量零部件 A 单位生产成本增加而增加，因此，原本购买低端产品的消费者会选择不购买产品。另外，低端产品的质量水平提高将吸引更多消费者。所以，如果低质量零部件 A 的单位生产成本足够低，LL 策略下市场总需求高于 HH 策略时的情况。

由于供应商的零部件批发价格比较复杂，此处利用数值算例分析批发价格的变化趋势。图 5-3～图 5-7 表明了最优批发价格和共同组件策略受到单位生产成本和零部件质量水平的影响情况。具体参数取值如下：$c_{AL} = 1.5$，$c_{AH} = 2.5$，$c_{BH} = 2$，$q_{AL} = 20$，$q_{AH} = 25$，$q_{BL} = 12$，$q_{BH} = 18$，$\omega_A = 0.6$ 和 $\omega_B = 0.4$。

从图 5-3、图 5-4 可以看出，使用 LH 策略时，供应商的利润高于使用 LL 策略时，这意味着供应商不会提供批发价格组合以引导制造商采用 LL 策略。直观上看，生产低质量零部件 A 所需生产成本更低，对供应商而言更加有利。但是，从另一方面看，LL 策略下，

高端产品的质量比在 LH 策略下低，这将导致高端产品的市场需求降低；而且，使用 LL 策略还会降低最终产品之间的差异化程度，从而使得产品之间的价格竞争更加激烈。相比 LH 策略，使用 LL 策略给供应商带来的负效应高于正效应，所以，供应商更倾向于鼓励制造商采用 LH 或者 HH 策略。

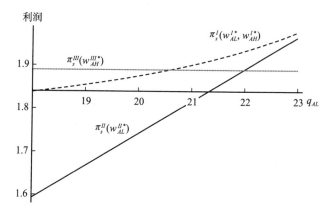

图 5 - 3 供应商利润函数受低端零部件 A 的质量水平的影响

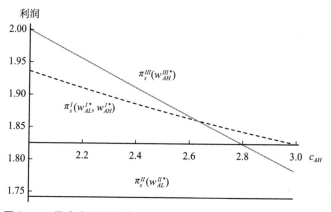

图 5 - 4 供应商利润随高端零部件 A 单位生产成本的变化情况

图 5 - 3 表明，如果低质量零部件 A 的质量水平足够低，供应商会引导制造商使用高质量共同组件策略 HH；否则，供应商将鼓励制造商采用 LH 策略。LH 策略下，若低质量零部件 A 的质量水平高，由于高、低零部件之间的差异减小供应商的利润，会得到改善。而且，LH 策略下，最终产品之间的差异化程度更高。因此，低质量零部件 A 的质量水平高时，供应商更倾向于销售两种质量水平的零部件。

图 5 - 4 表明，高质量零部件 A 的单位生产成本足够低时，供应商会引导制造商采用 HH 策略。HH 策略下，单位生产成本 c_{AH} 对供应商的影响大于策略 LH 时，因此，c_{AH} 足够小时，供应商引导制造商使用 HH 策略才能获得更多收益。此外，图中显示，相比使用策略 LL，供应商会鼓励下游采用 LH 策略。

图 5 - 5、图 5 - 6、图 5 - 7 解释了零部件 A 的批发价格受单位生产成本和质量水平的影响情况。图 5 - 5 中，第一段代表 HH 策略，第二段代表 LH 策略情况。当低质量零部件 A 质量水平足够高时，供应商会策略性地提高高质量零部件 A 的单位批发价格，并降低低质量零部件的批发价格，以引导制造商选择 LH 策略。此外，图 5 - 5 还表明，批发价格并未随着零部件 B 的生产成本的增加而增加。

图 5 - 6 中两段曲线分别对应策略 HH 和 LH。当高质量零部件 A 的单位生产成本足够高时，供应商不愿意鼓励制造商采用 HH 策略。若高质量零部件的单位生产成本增加，供应商会提高该零部件的批发价格。为了鼓励制造商采用 HH 策略，供应商会提高低质量零部件的批发价格。

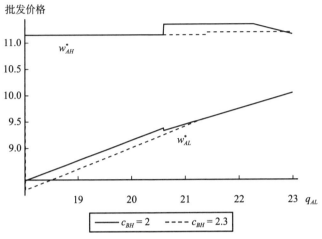

图 5 - 5　单位批发价格受 q_{AL} 和 c_{BH} 的影响

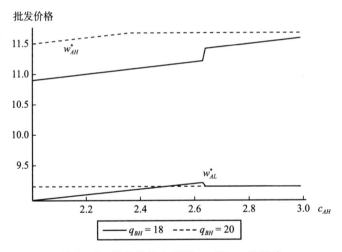

图 5 - 6　单位批发价格受 q_{BH} 和 c_{AH} 的影响

图 5 - 7 中，两段曲线分别与 LH、HH 策略相对应。当低质量零部件 B 的质量水平足够高时，供应商会降低高质量零部件 A 的批发价格以引导制造商采用 HH 策略。然而，低质量零部件 A 批发价格

的变动趋势取决于其单位生产成本。

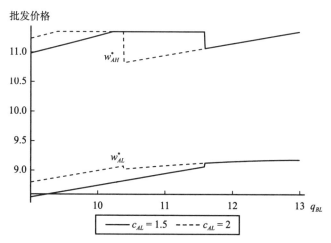

图 5 - 7　单位批发价格受 q_{BL} 和 c_{AL} 的影响

5.4　共同组件策略优先情况下均衡解

共同组件优先情况下，产品制造商首先决定共同组件策略，供应商根据制造商产品线构成状况决定零部件批发价格（Liu & Tyagi，2011），博弈顺序具体表示如下。

（1）制造商选择共同组件策略，*HH*，*LL* 还是 *LH*。

（2）观察到共同组件策略，供应商决定零部件批发价格。

（3）制造商根据批发价格制定最终产品的零售价格。

与命题 5.3 类似，可以得到制造商使用共同组件的情况下子博弈纳什均衡解与批发价格优先情况下相等，即 *LL* 策略下，单位批发价格为 w_{AL}^{II*}；*HH* 策略下，批发价格为 w_{AL}^{II*}；*LH* 策略下，单位批发

价格为 (w_{AL1}^I, w_{AH1}^I)。通过比较三种策略下的批发价格均衡解，可以发现，如果制造商使用 LL 策略，则低质量零部件 A 批发价格等同于 LH 策略下；如果制造商使用 HH 策略，那么必须支付比 LH 策略下更高的单位价格。

推论 5.2 给出了批发价格优先和共同组件策略优先两种情况下均衡决策相等的条件。

推论 5.2 若 $c_{AL} \in \left[q_H^{LH} - q_L^{LH} - c_{BH} - 2\Delta w_- + c_{AH}, (q_H^{LH} + c_{AH} - c_{BH})A_1 + 2B_1 - q_L^{LH} \right]$，产品线设计策略与博弈顺序无关。

证明：从定理 5.3 可知，$w_{AL1}^I + \Delta w_- \geqslant w_{AH1}^I$ 等价于 $(q_H^{LH} - q_L^{LH} - c_{BH}) - 2\Delta w_- + c_{AH} \leqslant c_{AL}$；$w_{AH1}^I \geqslant (w_{AL1}^I - B_1)/A_1$ 等价于 $(c_{AH} + q_H^{LH} - c_{BH})A_1 + 2B_1 - q_L^{LH} \geqslant c_{AL}$。

因此，若 $(w_{AL1}^I, w_{AH1}^I) \in I$，则低质量零部件 A 单位生产成本必须满足 $c_{AL} \in \left[(q_H^{LH} - q_L^{LH} - c_{BH}) - 2\Delta w_- + c_{AH}, (c_{AH} + q_H^{LH} - c_{BH})A_1 + 2B_1 - q_L^{LH} \right]$。从定理 5.3 还可知，不同决策顺序下，制造商采用共同组件策略时均衡解相等。

推论 5.2 表明当低质量零部件的单位生产成本适中时，博弈顺序不改变供应链中的均衡解。这是因为在此区间内，即使在批发价格优先背景下，供应商也会选择 LH 策略，因此，博弈顺序不改变 LH 策略下定价决策。由于 LL 或 HH 策略下，均衡价格不受博弈顺序影响，所以，低质量零部件的单位生产成本适中时，定价和共同组件策略在两种决策背景下结论相同。当低质量零部件的单位生产成本太大或者太小时，博弈顺序会改变均衡解的情况。

共同组件优先情况下，制造商的均衡利润函数为：

$$\pi_m^{LL**} = \frac{q_L^{LL}\left[4\left(q_H^{LL}-c_{BH}\right)^2 + q_L^{LL}\left(8c_{BH}-7q_H^{LL}+3q_L^{LL}\right)\right] - c_{AL}\left(2q_L^{LL}-c_{AL}\right)\left(q_H^{LL}-q_L^{LL}\right)}{16q_L^{LL}\left(q_H^{LL}-q_L^{LL}\right)}$$

$$\pi_m^{HH**} = \frac{q_L^{HH}\left[4c_{BH}^2 + \left(q_H^{HH}-q_L^{HH}\right)\left(4q_H^{HH}-8c_{BH}-3q_L^{HH}\right)\right] - c_{AH}\left(2q_L^{HH}-c_{AH}\right)\left(q_H^{HH}-q_L^{HH}\right)}{16q_L^{HH}\left(q_H^{HH}-q_L^{HH}\right)}$$

$$\pi_m^{LH**} = \{q_L^{LH}\left[\left(q_H^{LH}-c_{BH}\right)^2 + q_L^{LH}\left(2c_{AH}+2c_{BH}-q_H^{LH}\right)\right.$$
$$\left. + c_{AH}\left(c_{AH}+2c_{BH}-2q_H^{LH}\right)\right] - c_{AL}\left(2c_{AH}q_L^{LH}+2c_{BH}q_L^{LH}\right.$$
$$\left. - c_{AL}q_L^{LH}\right)\}/\left[16q_L^{LH}\left(q_H^{LH}-q_L^{LH}\right)\right]$$

此处，用上标"$**$"代表共同组件优先的情况。

定义 $\Delta\pi_{m1} = \pi_m^{LL**} - \pi_m^{LH**}$，$\Delta\pi_{m2} = \pi_m^{HH**} - \pi_m^{LH**}$ 和 $\Delta\pi_{m3} = \pi_m^{HH**} - \pi_m^{LL**}$。当 $\Delta\pi_{m1}$ 和 $\Delta\pi_{m2}$ 均为负值时，制造商采用共同组件策略 LH，定理 5.4 给出了共同组件策略优先情况下，制造商的均衡决策。

定理 5.4　共同组件优先背景下，（ⅰ）若 $c_{AL} \in \left[c_{AL1-}, \min\{c_{AL1+}, c_{AL3}\}\right]$，制造商选择 LL 策略；（ⅱ）若存在 $c_{Al2\pm} > 0$，且 $c_{AL} \in \left[\max\{c_{Al2-}, c_{Al3}\}, c_{Al2+}\right]$，制造商选择 HH 策略；（ⅲ）否则，制造商选择 LH 策略，其中，$c_{AL1\pm} = c_{AH} + c_{BH} - q_H^{HH} + q_L^{LL} \pm 2\left(q_H^{LL}-q_L^{LL}-c_{BH}\right)$

$\sqrt{\left(q_H^{HH}-q_L^{LL}\right)/\left(q_L^{LL}-q_L^{LL}\right)}$，$c_{Al2\pm} = \dfrac{B_2 \pm \sqrt{B_2^2 + 4A_2 q_H^{HH} q_L^{LL}\left(q_H^{HH}-q_L^{HH}\right)}}{2q_H^{HH} q_L^{LL}\left(q_H^{HH}-q_L^{HH}\right)}$，

$c_{Al3} = q_L^{LL} - \left(q_L^{HH}-c_{AH}\right)\sqrt{q_L^{LL}/q_L^{HH}}$，$A_2 = q_L^{LL}\{q_L^{HH}\left[c_{BH}^2\left(3q_H^{HH}+q_L^{HH}-4q_L^{LL}\right) - 6c_{BH}\left(q_H^{HH}-q_L^{HH}\right)\left(q_H^{HH}-q_L^{LL}\right) + 3\left(q_H^{HH}-q_L^{HH}\right)^2 \times \left(q_H^{HH}-q_L^{LL}\right)\right] - 2c_{AH}c_{BH}q_L^{LL}\left(q_H^{HH}-q_L^{HH}\right) + c_{AH}^2\left(q_H^{HH}-q_L^{HH}\right)\left(q_H^{HH}-q_L^{HH}-q_L^{LL}\right)\}$ 和 $B_2 = 2q_L^{HH} q_L^{LL}\left(c_{AH}+c_{BH}\right)\left(q_H^{HH}-q_L^{HH}\right)$。

证明：由 $q_L^{LH} = q_L^{LL}$ 和 $q_H^{LH} = q_H^{HH}$，可得：

$$\Delta\pi_{m1} = \frac{c_{BH}^2(4q_H^{HH} - q_H^{LL} - 3q_L^{LL})}{16(q_H^{LL} - q_L^{LL})(q_H^{HH} - q_L^{LL})} + \frac{4q_H^{LL} - q_H^{HH} - 3q_L^{LL}}{16}$$

$$+ \frac{(c_{AH} - c_{AL})(2q_H^{HH} - 2q_L^{LL} - c_{AH} + c_{AL}) - 2c_{BH}(c_{AH} - c_{AL} + 3q_H^{HH} - 3q_L^{LL})}{16(q_H^{HH} - q_L^{LL})}$$

因为 $q_H^{HH} > q_L^{LL}$，所以，$\Delta\pi_{m1}$ 为 c_{AL} 的凹函数。记 $q_H^{LL} - q_L^{LL} - c_{BH} > 0$，并求 $\Delta\pi_{m1} = 0$ 关于 c_{AL} 的解，有 $c_{AL1\pm} = c_{AH} + c_{BH} - q_H^{HH} + q_L^{LL} \pm 2(q_H^{LL} - q_L^{LL} - c_{BH})\sqrt{(q_H^{HH} - q_L^{LL})/(q_H^{LL} - q_L^{LL})}$。因此，$c_{AL} \in [c_{AL1-}, c_{AL1+}]$ 时，$\Delta\pi_{m1} \geq 0$。

由 $q_L^{LH} = q_L^{LL}$ 和 $q_H^{LH} = q_H^{HH}$，可得 $\Delta\pi_{m2} = \dfrac{A_2 + B_2 c_{AL} - q_H^{HH} q_L^{HH}(q_H^{HH} - q_L^{HH})c_{AL}^2}{16q_L^{HH} q_L^{LL}(q_H^{HH} - q_L^{HH})(q_H^{HH} - q_L^{LL})}$；

又因为 $q_H^{HH} > q_L^{HH}$，所以 $\Delta\pi_{m2}$ 为 c_{AL} 的凹函数。求解 $\Delta\pi_{m2} = 0$ 关于 c_{AL}

的解，可得 $c_{AL2\pm} = \dfrac{B_2 \pm \sqrt{B_2^2 + 4A_2 q_H^{HH} q_L^{HH}(q_H^{HH} - q_L^{HH})}}{2q_H^{HH} q_L^{HH}(q_H^{HH} - q_L^{HH})}$。因此，$c_{AL2\pm}$ 存

在时，若 $c_{AL} \in [c_{AL2-}, c_{AL2+}]$，$\Delta\pi_{m2} \geq 0$；否则，$\Delta\pi_{m2} < 0$。

由 $q_H^{HH} = q_H^{LL} - q_L^{LL} + q_L^{HH}$ 可知，

$$\Delta\pi_{m3} = \frac{q_L^{LL}[c_{AH}^2 - 2c_{AH} q_H^{HH} + q_L^{HH}(q_L^{HH} - q_H^{LL})] + 2q_L^{HH} q_L^{LL} c_{AL} - q_L^{HH} c_{AL}^2}{16q_L^{HH} q_L^{LL}},$$

因为 $w_{AL1}^I > c_{AL}$，所以有 $\Delta\pi_{m3}$ 为 c_{AL} 的凹函数且随着 c_{AL} 的增加而增加。求 $\Delta\pi_{m3} = 0$ 关于 c_{AL} 的解，可以得到 $c_{AL3} = q_L^{LL} - (q_H^{HH} - c_{AH})\sqrt{q_L^{LL}/q_L^{HH}}$。因此，$\Delta\pi_{m3} \geq 0$ 等价于 $c_{AL} \geq c_{AL3}$。

定理5.4给出了制造商采用不同生产策略时，低质量零部件 A 的单位生产成本区间。由图5-3、图5-4可知，批发价格优先情况下，供应商不会鼓励制造商采用 LL 策略。不同于批发价格优先情况下，由定理5.4可知，共同组件策略优先情况下，制造商会采用 LL 策略，即在共同组件策略优先情况下，产品线制造商会采用低质量的共同组件 A。

为了更好地理解博弈顺序对参与人利润水平的影响，此处，通过数值分析，并由图 5 - 8 和图 5 - 9 给出，其中参数取值与图 5 - 3 至图 5 - 7 中的相同。

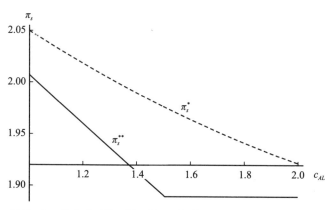

图 5 - 8　供应商利润受低质量零部件 A 单位生产成本的影响

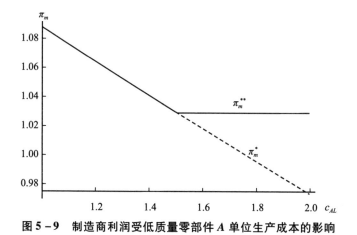

图 5 - 9　制造商利润受低质量零部件 A 单位生产成本的影响

从图 5 - 8 和图 5 - 9 可以看出，批发价格优先情景下，供应商的利润水平高于共同组件策略优先情景；而对供应商而言，在共同组件策略优先情景下，销售零部件所得的利润水平更高，即对供应链中参与主体而言存在先动优势。具体而言，批发价格优先情景下，供应商可以策略性地决定零部件的批发价格以获取最大利润。共同组件优先情景下，制造商可以通过决定产品的零售价格，进而决定零部件的订购批量来避免供应商处的强势行为，并通过选择恰当的共同组件策略以优化利润。通过参数的其他取值，可以发现此处数值算例所得出的主要结论不发生改变。

5.5 本章小结

大部分关于产品线设计时是否采用共同组件的文献均从制造商的角度，分析共同组件策略带来的需求挤兑和成本缩减变化情况。然而，现实生活中，制造商的共同组件策略往往受到上游零部件供应商定价决策的影响；同样地，上游供应商的收益水平也受到制造商潜在的产品线结构的影响。本章主要关注供应链中，上游、下游企业之间交互作用对共同组件策略的影响。消费者购买产品时，受到产品质量和价格两种因素共同作用。本章中，制造商为两个细分市场中的消费者提供高、低两种不同质量水平的产品，每种产品有两个关键零部件构成，其中，一个零部件来自上游的供应商。通过建立批发价格决策优先和共同组件策略优先两种不同的博弈模型，分析供应链中最优的产品线共同组件策略。批发价格优先情景下，给出供应商如何策略性地决定零部件的批发价格，以引导制造商选择能够使得供应商获取最大利润的共同组件策略。主要研究结论如下：（1）高端产品的市场需求会因为使用共同组件而降低；又因为使用共同组件使得产品之间的价格竞争更加剧烈，因此，供应商更愿意引导制造商采用 LH 策略而不是 LL 策略。（2）均衡的共同组件策略为 LH 或 HH。（3）当低质量零部件质量水平和高质量零部件单位生产成本足够低时，供应商会策略性地降低高质量零部件的批发价格，同时提高低质量零部件的批发价格以引导制造商采用 HH 策略。

　　共同组件优先策略下，给出了制造商采用不同策略的生产成本区间，并得出当低质量零部件单位生产成本适中时，供应链中均衡解与批发价格优先策略下相同。此外，供应链中存在先动优势，供应商在批发价格优先策略下能够获得的利润更高。

第6章　零售商自有品牌与品牌制造商创新决策研究

零售商运营过程中也需要设计最优的产品线以最大化收益，提高企业的市场竞争能力。推出自有品牌产品是零售商扩张产品线的有效手段之一，然而，销售自有品牌产品虽然能提升销售收入，但同时会影响目前在售制造商产品的销售。为了提高产品的市场竞争力，品牌制造商可以通过产品创新以提高生产效率。制造商的创新决策同样会对零售商的产品线设计和销售情况产生影响。本章将首先通过建立斯坦伯格博弈模型，分析制造商不创新时，零售商的最优产品线决策；其次，通过比较制造商创新和不创新两种情况，分析制造商创新与零售商产品线扩张之间的作用关系；最后，考虑产品生产成本对决策的影响情况。

6.1　问题背景

随着流通行业竞争加剧、消费格局多样化程度增加，越来越多

146

的零售商通过推出自有品牌产品以提高产品差异化程度和谈判能力。实际上，自有品牌在欧洲和北美市场中已有将近 60 年的发展历史（单娟和范小军，2016），在瑞士、西班牙、英国、德国、比利时和葡萄牙，自有品牌的市场份额已经占到 40% 以上；46% 的欧洲消费者会频繁地购买自有品牌产品（Jin et al.，2016）。与此同时，中国连锁经营协会统计数据表明，我国实体零售企业自有品牌销售量呈现增长态势。中国市场中自有品牌产品数量和规模也都大幅度增加，线下、线上的零售商纷纷推出了自有品牌产品，例如，苏宁、当当网、乐蜂网、京东等，其中，京东的自有品牌涵盖箱包、化妆品、服装类、3C 数码四大类。东方甄选自有品牌产品覆盖了生鲜果蔬、海鲜水产、美妆护肤、家具日用等品类，目前销售收入占比逐渐提升，未来东方甄选发展过程中也将逐步深化自有品牌产品的主体地位。自有品牌产品质量水平会影响产品的市场竞争力，也会影响零售商目前在售产品的销售情况和供应链环境中参与人的利润。本章将分析自有品牌质量水平对供应链环境中参与人决策的影响。

零售商成熟的销售渠道是品牌制造商售卖产品的主要途径，如惠普、索尼等制造商均通过京东销售产品。因此，对于零售商而言，其销售利润不仅来源于自有品牌产品，还与制造商品牌产品的销售状况密切相关。由于自有品牌和制造商品牌产品之间存在替代关系，零售商需要关注引入自有品牌产品对制造商品牌产品产生的市场挤兑效应。供应链环境中，制造商可以通过改变产品价格以应对潜在的竞争，从而进一步影响零售商的企业决策。零售商需要充分权衡引入自有品牌产品的利弊。一方面，引入自有品牌产品可以带来额外的销售收入，同时影响上游制造商的决策；另一方面，引入自有品牌产品也会对制造商品牌产品的市场盈利水平产生影响。本章主要关注供应链环境中，零售商引入自有品牌带来的收益是否足以弥补在售制造商品牌产品的销售损失。

自有品牌产品市场地位的不断提升，使得品牌制造商面临更加严峻的竞争态势。过程创新可以降低生产成本，持续改善生产效率，是企业获得竞争优势的重要途径之一（Gupta & Loulou，1998）。制造商过程创新指使用新的操作技术或生产程序以降低产品的边际生产成本，从而降低产品的销售价格，增加产品的市场需求，可以用于应对市场竞争。供应链环境中，企业的决策会受到其他参与企业的影响，单个企业的创新行为会产生创新的溢出效应，使供应链环境中上游、下游节点企业获益（Gilbert & Cvsa，2003），如制造商创新决策会通过批发价格影响零售商（Gupta & Loulou，1998）。零售商引入自有品牌产品，将直接导致零售市场中自有品牌产品与制造商品牌产品之间的市场竞争。潜在的市场竞争会对制造商的创新决策产生影响，从而影响到产品的价格和需求情况。与来自其他制造商品牌产品的竞争不同，自有品牌产品来自制造商的下游客户零售商。制造商创新产生的溢出效应会影响零售商自有品牌产品的决策。因此，有必要分析供应链环境中，纵向企业之间存在产品竞争时，制造商的创新决策对供应链上成员企业决策和利润的影响情况。

零售商引入新产品时，除了关注产品的市场效益，还会考虑相应的生产成本。生产成本不同会导致不同产品的销售价格和市场竞争力，进而影响产品线上产品之间的相互作用。零售商自有品牌产品生产成本高时，可以通过提高制造商品牌产品零售价格来提升自有品牌的竞争力，但这也同时牺牲了产品的市场需求。此时，品牌制造商的创新决策也会相应地受到影响。自有品牌产品单位生产成本变动对供应链环境中纵向竞争企业决策的影响也是本章要解决的重要问题。

本章首先在制造商不进行创新的情景下，对比零售商引入自有品牌产品前后的均衡解，以分析零售商的产品线策略和参与人的均衡利润；其次，在制造商进行创新的情景下，通过比较零售商引入自有品牌产品前后的均衡解，分析制造商的创新和零售商的产品线策略；通过对比分析制造商进行创新前后的均衡解，以分析创新与零售商产品线策略之间的相互作用关系；最后，探索零售商自有品牌产品单位生产成本不为零的情况，以分析自有品牌产品单位生产成本对零售商产品线策略和供应链均衡解的影响。

6.2　基本模型

一个零售商和一个制造商构成的二级供应链中，制造商以单位生产成本 c 生产产品并通过下游零售商销售。零售商可引入自有品牌产品共同销售以获取更多利润，假设自有品牌产品单位生产成本为 0。零售商向一个异质的消费者市场销售产品，假设消费者市场规模为 1，消费者对产品质量偏好程度为 θ，θ 服从 $[0, 1]$ 上的均匀分布。制造商品牌（n）质量水平为 1，自有品牌（s）质量水平为 δ，其中，$\delta \leqslant 1$。消费者的效用函数为 $U = \theta s - p_i$，其中，s 为产品的质量水平，p_i 为产品 i 的零售价格，$i = n$，s，$i = n$ 为制造商品牌产品，$i = s$ 为自有品牌产品。为了避免制造商产品成本太高，导致所有消费者都不购买产品的情况发生，假设 $c < 1$。

本书考虑制造商进行过程创新，以减少组件数量、采用模块化设计或改进生产流程等方式降低产品的边际生产成本（Gupta et al.，1998）。当品牌制造商创新时，产品单位生产成本变为 $c - x$。类似于古普塔等（Gupta et al.，1998）的研究，为了使单位生产成本降低 x，企业需投入创新成本 $\gamma x^2 / 2$，其中，γ 为创新努力水平相关系数，$\gamma \geq 0$。若制造商不创新，零售商可以选择不引入自有品牌产品（NN）或引入自有品牌产品（NI）；同样地，若制造商创新，零售商也可以在不引入自有品牌产品（IN）和引入自有品牌产品（II）之间做出选择。

若零售商不引入自有品牌产品，当且仅当 $\theta - p_n \geq 0$ 时，消费者才会购买产品，此时，制造商品牌产品的市场需求为 $q_n = 1 - p_n$。产品逆需求函数为 $p_n^{jN} = 1 - q_n$，$j = I$，N，其中，I 表示制造商创新，N 表示制造商不创新。当市场中同时有制造商品牌和自有品牌产品时，消费者选择能够带来最大正效用的产品。若市场中有自有品牌产品，当且仅当 $\theta - p_n \geq \theta\delta - p_s$ 且 $\theta - p_n \geq 0$，即 $\theta \in \left[\dfrac{p_n - p_s}{1 - \delta},\ 1\right]$ 时，消费者才会选择制造商品牌产品，此时，其市场需求为 $q_n = 1 - \dfrac{p_n - p_s}{1 - \delta}$；当 $\theta - p_n < \theta\delta - p_s$ 且 $\theta\delta - p_s \geq 0$ 时，消费者选择自有品牌产品，此时，自有品牌产品的市场需求为 $q_s = \dfrac{p_n - p_s}{1 - \delta} - \dfrac{p_s}{\delta}$。由两产品的市场需求函数可得，产品的逆需求函数分别为 $p_n^{jI} = 1 - q_n - \delta q_s$，

$p_s^{jI} = (1 - q_n - q_s)\delta$，$j = I$，$N$。

由此可知，当制造商不创新且零售商仅销售制造商品牌产品（NN）时，零售商利润函数为：

$$\pi_r^{NN}(w, q_n) = q_n(1 - q_n - w) \tag{6-1}$$

制造商的利润函数为：

$$\pi_m^{NN}(w, q_n) = (w - c)q_n \tag{6-2}$$

当制造商不创新且零售商引入自有品牌产品（NI）时，零售商利润函数为：

$$\pi_r^{NI}(w, q_s, q_n) = q_n(1 - q_n - \delta q_s - w) + (1 - q_n - q_s)\delta q_s \tag{6-3}$$

其中，第一项表示来自制造商品牌产品的销售利润，第二项为来自零售商品牌产品的利润；制造商的利润函数为：

$$\pi_m^{NI}(w, q_s, q_n) = (w - c)q_n \tag{6-4}$$

当制造商创新且零售商仅销售制造商品牌产品（IN）时，零售商的利润函数为：

$$\pi_r^{IN}(w, x, q_n) = q_n(1 - q_n - w) \tag{6-5}$$

制造商的利润函数为：

$$\pi_m^{IN}(w, x, q_n) = (w - c + x)q_n - \gamma x^2/2 \tag{6-6}$$

其中，第一项表示销售利润，第二项为创新成本。

当制造商创新且市场中有自有品牌产品（II）时，零售商利润函数为：

$$\pi_r^{II}(w, x, q_s, q_n) = q_n(1 - q_n - \delta q_s - w) + (1 - q_n - q_s)\delta q_s \tag{6-7}$$

制造商的利润函数为：

$$\pi_m^{II}(w,\ x,\ q_s,\ q_n) = (w - c + x)q_n - \gamma x^2/2 \qquad (6-8)$$

分别在制造商创新和不创新的情况下，建立博弈模型。

当制造商不创新时，具体博弈顺序如下：

（1）零售商决定是否推出自有品牌产品（s）。

（2）上游企业决定产品的批发价格（w）。

（3）若零售商推出自有品牌产品，则零售商分别决定两种产品的订货数量（q_n，q_s）；若零售商不推出自有品牌产品，则仅决定制造商品牌产品的订货数量（q_n）。

当制造商创新时，具体博弈顺序如下：

（1）零售商决定是否引入自有品牌产品（s）。

（2）上游企业决定创新水平和产品的批发价格（w）。

（3）若零售商推出自有品牌产品，则零售商分别决定两种产品的订货数量（q_n，q_s）；若零售商不推出自有品牌产品，则零售商仅决定制造商品牌产品的订货数量（q_n）。

利用逆向归纳法可得子博弈纳什均衡。

6.3 均衡解分析

6.3.1 制造商不创新

若零售商不引入自有品牌产品，由式（6-1）和式（6-2），利用逆向归纳法，可得引理6.1。

引理6.1 制造商不创新且零售商不引入自有品牌产品（*NN*）

时，均衡解为 $w^{NN*} = \dfrac{1+c}{2}$，$q_n^{NN*} = \dfrac{1-c}{4}$；制造商品牌产品的零售价

格为 $p_n^{NN*} = \dfrac{3+c}{4}$。

　　证明：求式（6-1）关于 q_n 的二阶条件，可得 $\dfrac{\partial^2 \pi_r^{NN}(w,\,q_n)}{\partial q_n^2} =$

-2，即 $\pi_r^{NN}(w,\,q_n)$ 为关于 q_n 的凹函数，求 $\dfrac{\partial \pi_r^{NN}(w,\,q_n)}{\partial q_n} = 0$，可

得 $q_n(w) = \dfrac{1-w}{2}$。把 $q_n(w)$ 代入式（6-2），可得 $\pi_m^{NN}(w)$，求

$\pi_m^{NN}(w)$ 关于 w 的二阶条件，可得 $\dfrac{\partial^2 \pi_m^{NN}(w)}{\partial w^2} = -1$，即 $\pi_m^{NN}(w)$ 为

关于 w 的凹函数，求一阶条件 $\dfrac{\partial \pi_m^{NN}(w)}{\partial w} = 0$，可得 w^{NN*}，把 w^{NN*} 代

入 $q_n(w)$ 可得 q_n^{NN*}，进一步可得 p^{NN*}。

　　由引理 6.1 可知，产品批发和零售价格均随着单位生产成本的增加而增加，市场销售量均随着单位生产成本的增加而减少。

　　若零售商引入自有品牌产品，由式（6-3）和式（6-4），可得引理 6.2。

　　引理 6.2　制造商不创新且零售商引入自有品牌产品（NI）时，均衡解为 $w^{NI*} = \dfrac{1+c-\delta}{2}$，$q_n^{NI*} = \dfrac{1-c-\delta}{4(1-\delta)}$，$q_s^{NI*} = \dfrac{1+c-\delta}{4(1-\delta)}$；制造

商品牌和自有品牌产品的零售价格分别为 $p_n^{NI*} = \dfrac{3+c-\delta}{4}$，$p_s^{NI*} = \dfrac{\delta}{2}$。

　　证明：求式（6-3）关于 $(q_s,\,q_n)$ 的二阶条件，可得海塞矩阵

$\begin{pmatrix} -2\delta & -2\delta \\ -2\delta & -2 \end{pmatrix}$，该矩阵为负定矩阵。求一阶条件 $\dfrac{\partial \pi_r^{NI}(w,\,q_n,\,q_s)}{\partial q_s} = 0$

和 $\dfrac{\partial \pi_r^{NI}(w, q_n, q_s)}{\partial q_n} = 0$，可得 $q_s(w) = \dfrac{w}{2-2\delta}$，$q_n(w) = \dfrac{1}{2}\left(1 - \dfrac{w}{1-\delta}\right)$。

把 $q_n(w)$ 和 $q_s(w)$ 代入式（6-4）中，可得 $\pi_m^{NI}(w)$，求 $\pi_m^{NI}(w)$ 关于 w 的二阶条件，可得 $\dfrac{\partial^2 \pi_m^{NI}(w)}{\partial w^2} = -\dfrac{1}{1-\delta} < 0$，即 $\pi_m^{NI}(w)$ 为关于 w 的凹函数，求 $\dfrac{\partial \pi_m^{NI}(w)}{\partial w} = 0$，可得 w^{NI*}，把 w^{NI*} 分别代入 $q_n(w)$ 和 $q_s(w)$，可得 q_n^{NI*} 和 q_s^{NI*}，进一步，可得 p_n^{NI*} 和 p_s^{NI*}。

由引理 6.2 可知，虽然上游制造企业产品批发、零售价格均随着自有品牌产品质量水平的增加而降低，但是其市场销量依然减少；相反地，自有品牌产品零售价格和市场销量均随着自身质量水平的增加而提高。当制造商产品单位生产成本降低时，其市场需求增加，自有品牌市场需求降低。由此可知，品牌制造商仅仅通过价格调节无法应对来自零售商品牌的挑战。

由引理 6.1 和引理 6.2，利用作差法，可得定理 6.1。

定理 6.1 （ⅰ）$w^{NN*} > w^{NI*}$；

（ⅱ）$p_n^{NN*} > p_n^{NI*}$；

（ⅲ）$p_n^{NN*} - w_n^{NN*} \leqslant p_n^{NI*} - w_n^{NI*}$；

（ⅳ）$q_n^{NI*} + q_s^{NI*} \geqslant q_n^{NN*}$；$q_n^{NI*} < q_n^{NN*}$。

证明：$w^{NN*} - w^{NI*} = \dfrac{1+c}{2} - \dfrac{1+c-\delta}{2} > 0$，因此，$w^{NN*} > w^{NI*}$，类似地可得其他结论。

由定理 6.1（ⅰ）和（ⅱ）可知，若零售商引入自有品牌产品，上游制造商降低批发、零售价格，即新产品的推出缓解了渠道中的双重边际效应。由（ⅲ）可知，对于零售商而言，引入自有品牌产品，会造成制造商产品批发价格减幅大于零售价格减幅，因此制造商品牌产品单位边际收益增加。由（iv）可知，推出自有品牌会使得零售商的总需求增加，但是一部分原本购买制造商品牌产品的消费者会转而购买零售商品牌，从而造成品牌制造商产品销量降低。

把引理 6.1 和引理 6.2 中的均衡解分别代入式（6-1）至式（6-4），可得两种情况下制造商和零售商的最优利润函数。比较两种情况下参与人的均衡利润，可得定理 6.2。

定理 6.2　（i）$\pi_r^{NI*} \geqslant \pi_r^{NN*}$；（ii）$\pi_m^{NI*} < \pi_m^{NN*}$。

证明：由引理 6.1 和引理 6.2，可以分别得到 NN 和 NI 情况下，制造商和零售商的均衡利润函数：$\pi_m^{NN*} = \dfrac{(1-c)^2}{8}$，$\pi_r^{NN*} = \dfrac{(1-c)^2}{16}$；

$$\pi_m^{NI*} = \frac{(1-c-\delta)^2}{8(1-\delta)}, \quad \pi_r^{NI*} = \frac{1-2c+c^2+2\delta+2c\delta-3\delta^2}{16-16\delta}$$

比较 π_r^{NN*} 和 π_r^{NI*}，可得，$\pi_r^{NI*} - \pi_r^{NN*} = \dfrac{\delta(3+c^2-3\delta)}{16(1-\delta)} > 0$；同样地，比较 π_m^{NN*} 和 π_m^{NI*}，可得，$\pi_m^{NI*} < \pi_m^{NN*}$。

由定理 6.2 可知，对于零售商而言，虽然引入新品后上游制造商产品的销售额降低（$q_n^{NI*} < q_n^{NN*}$），但是，产品边际收益提升（$p_n^{NN*} - w_n^{NN*} \leqslant p_n^{NI*} - w_n^{NI*}$）。加之，零售商的市场总需求增加，零售商可以引入自有品牌以增加利润。然而，对于品牌制造商而言，产品的边际收益和销售量均降低，因此，制造商不希望零售商引入自有品牌产品。

分别求制造商不创新且零售商引入自有品牌产品（NI）情况

下，制造商和零售商均衡利润关于自有品牌产品质量水平的偏导数可知，自有品牌产品质量水平提高使得产品竞争力增强，零售商的利润水平提升，制造商的利润水平降低。此外，由制造商均衡利润可知，产品单位生产成本越高，其均衡利润越低。

6.3.2 制造商创新

由上一部分可知，制造商的均衡价格和利润均受到零售商自有品牌策略的影响。本部分主要分析制造商是否可以通过产品创新来缓解来自零售商产品的竞争，以及创新策略对零售商决策的影响情况。

若制造商创新且零售商不引入自有品牌产品，由式（6 - 5）和式（6 - 6），利用逆向归纳法，可得引理6.3。

引理6.3 $\gamma > 1/4$ 时，最优创新投入水平和批发价格分别为 $x^{IN*} = \dfrac{1 - c}{4\gamma - 1}$，$w^{IN*} = \dfrac{(2\gamma - 1)(1 - c)}{4\gamma - 1} + c$，零售商的最优订货量为 $q_n^{IN*} = \dfrac{1 - c}{4\gamma - 1}\gamma$，零售价格为 $p_n^{IN*} = \dfrac{(3 + c)\gamma - 1}{4\gamma - 1}$。

证明：求式（6 - 5）关于 q_n 的二阶条件，$\dfrac{\partial^2 \pi_r^{IN}}{\partial q_n^2} = -2$ 可知，π_r^{IN} 为 q_n 的凹函数，求式（6 - 5）关于 q_n 的一阶条件，可得 $q_n(w) = \dfrac{1 - w}{2}$。把 $q_n(w) = \dfrac{1 - w}{2}$ 代入式（6 - 6），可得 $\pi_m^{IN}(w, x) = [(1 - w)(w - c + x) - x^2\gamma]/2$，求 $\pi_m^{IN}(w, x)$ 关于 (w, x) 的海塞矩阵有 $\begin{pmatrix} -1 & -\dfrac{1}{2} \\ -\dfrac{1}{2} & -\gamma \end{pmatrix}$，当 $\gamma > 1/4$ 时，海塞矩阵负定，求 $\dfrac{\partial \pi_m^{IN}(w, x)}{\partial w} = 0$

和 $\dfrac{\partial \pi_m^{IN}(w, x)}{\partial x} = 0$，可得 w^{IN*}，x^{IN*}。把 w^{IN*} 和 x^{IN*} 代入 $q_n(w)$ 中可得零售商的最优订货量，进一步代入逆需求函数可以得到最优零售价格 p_n^{IN*}。

由引理 6.3 可知，当创新努力水平相关系数足够大（$\gamma > 1/4$）时，制造商均衡解才存在，这与文献中的结论（Gupta et al.，1998；Krishnan et al.，2006）以及实践案例相符，因为，对于大部分企业而言创新都是昂贵的。满足约束的前提下，创新努力水平相关系数越高，创新成本越高，制造商会降低创新投入水平，提高产品的批发价格。此时，制造商品牌产品的零售价格也随之增加，市场销售量降低。$\gamma < 1/2$ 时，制造商会以低于原单位生产成本（c）的批发价格销售产品。

若制造商创新且零售商推出自有品牌产品，由式（6 - 7）和式（6 - 8）可得引理 6.4。

引理 6.4 $\gamma > \dfrac{1}{4(1-\delta)}$ 时，制造商的创新投入和批发价格分别为 $x^{II*} = \dfrac{B}{A}$，$w^{II*} = \dfrac{[2\gamma(1-\delta)-1]B}{A} + c$，上游、下游企业产品的订货量分别为 $q_n^{II*} = \dfrac{\gamma B}{A}$，$q_s^{II*} = \dfrac{2\gamma(1+c-\delta)-1}{2A}$；产品的零售价格分别为 $p_n^{II*} = \dfrac{2\gamma(1-\delta)(3+c-\delta)+\delta-2}{8\gamma(1-\delta)-2}$，$p_s^{II*} = \dfrac{\delta}{2}$，其中，$A = 4\gamma(1-\delta)-1$，$B = 1-c-\delta$。

证明：求式（6 - 7）关于（q_s，q_n）的二阶条件，可得海塞矩阵 $\begin{pmatrix} -2\delta & -2\delta \\ -2\delta & -2 \end{pmatrix}$ 为负定矩阵，求 $\dfrac{\partial \pi_r^{II}(q_s, q_n)}{\partial q_s} = 0$，$\dfrac{\partial \pi_r^{II}(q_s, q_n)}{\partial q_n} = 0$，

可得 $q_s^{II}(w) = \dfrac{w}{2(1-\delta)}$，$q_n^{II}(w) = \dfrac{1-w-\delta}{2(1-\delta)}$。把 $q_s^{II}(w)$ 和 $q_n^{II}(w)$ 代入式（6-8），有 $\pi_m^{II}(w, x)$。求 $\pi_m^{II}(w, x)$ 关于 (w, x) 的二阶条件，$\gamma > \dfrac{1}{4(1-\delta)}$ 时，海塞矩阵负定。求 $\dfrac{\partial \pi_m^{II}(w, x)}{\partial w} = 0$ 和 $\dfrac{\partial \pi_m^{II}(w, x)}{\partial x} = 0$，可得最优的批发价格 w^{II*} 和创新投入水平 x^{II*}。进一步把 w^{II*} 和 x^{II*} 代入 $q_s^{II}(w)$ 和 $q_n^{II}(w)$ 中有两种产品的最优订货量。把 q_n^{II*} 和 q_s^{II*} 代入两种产品的逆需求函数，可得到产品零售价格。

制造商品牌产品单位生产成本增加时，其批发、零售价格均增加，此时，虽然自有品牌产品售价不变，其产品市场需求增加；当 $\gamma < \dfrac{1}{2(1-\delta)}$ 时，制造商以低于单位生产成本 (c) 的批发价格销售产品。由 q_s^{II*} 可知，当且仅当 $c > (1-2\gamma+2\gamma\delta)/(2\gamma)$ 时，才有消费者选择自有品牌产品，由此可知，若制造商具有单位生产成本优势，则零售商自有品牌产品无法进入销售市场。

与引理 6.2 结论一致，创新努力水平相关系数越高，制造商创新投入越低，制造商品牌产品批发、零售价格越高，产品的销售量越低。自有品牌产品销售量随着制造商创新努力水平相关系数的增加而增加 $\left(\dfrac{\partial q_s^{II*}}{\partial \gamma} = \dfrac{1-\delta-c}{[1-4\gamma(1-\delta)]^2} > 0 \right)$。因此，制造商有必要改进工艺，使创新成本持续降低，从而提高产品市场竞争力。

分别求 x^{II*}、q_n^{II*}、q_s^{II*} 关于 δ 的偏导数，可得 $\dfrac{\partial x^{II*}}{\partial \delta} = \dfrac{1-4c\gamma}{[1+4\gamma(-1+\delta)]^2}$，$\dfrac{\partial q_n^{II*}}{\partial \delta} = \dfrac{\gamma(1-4\gamma c)}{[1+4\gamma(-1+\delta)]^2}$，$\dfrac{\partial q_s^{II*}}{\partial \delta} = \dfrac{-\gamma(1-4\gamma c)}{[1+4\gamma(-1+\delta)]^2}$。

由此可知，当 $c \leqslant 1/(4\gamma)$ 时，$\dfrac{\partial x^{II*}}{\partial \delta} \geqslant 0$，$\dfrac{\partial q_n^{II*}}{\partial \delta} \geqslant 0$，$\dfrac{\partial q_s^{II*}}{\partial \delta} \leqslant 0$；求 w^{II*}

关于 δ 的偏导数，可得 $\dfrac{\partial w^{II*}}{\partial \delta} = \dfrac{-1 + 2\gamma c + 4\gamma(1-\delta) - 8\gamma^2(1-\delta)^2}{[1 + 4\gamma(-1+\delta)]^2}$，当

$c \leqslant 1/(4\gamma)$ 时，$\dfrac{\partial w^{II*}}{\partial \delta} \leqslant 0$。由偏导数可知，制造商的创新投入和批
发价格随着自有品牌产品质量水平的变化情况取决于制造商的单位
生产成本和创新投入系数。当且仅当制造商单位生产成本低于一定
阈值时，若自有品牌产品质量水平提高，制造商才会提高创新投
入、降低批发价格，产品的市场需求量随之增加；此时，自有品牌
产品的市场需求量反而会降低。反之，若制造商单位生产成本高于
一定阈值，高质量的自有品牌产品则会使制造商降低创新投入，提
高产品批发价格。

　　为了更好地解释制造商创新与零售商自有品牌策略之间的关系，
在市场中仅有制造商品牌产品和市场中既有制造商品牌产品也有自
有品牌产品两种情况下，分别对比制造商采用创新决策前后的均衡
解和均衡利润，具体由定理 6.3 给出。

　　定理 6.3　（ⅰ）$w^{IN*} < w^{NN*}$，$w^{II*} < w^{NI*}$；当 $c \leqslant 1/(4\gamma)$
时，$w^{NI*} - w^{II*} \geqslant w^{NN*} - w^{IN*}$；（ⅱ）$p_n^{IN*} - w^{IN*} > p_n^{NN*} - w^{NN*}$，
$p_n^{II*} - w^{II*} > p_n^{NI*} - w^{NI*}$；（ⅲ）$q_n^{IN*} > q_n^{NN*}$，$q_s^{II*} + q_n^{II*} = q_s^{NI*} +$
q_n^{NI*}；（ⅳ）$\Pi_m^{IN*} > \Pi_m^{NN*}$，$\Pi_m^{II*} > \Pi_m^{NI*}$，当 $c \in (c_1, c_2)$ 时，$\Pi_m^{II*} -$
$\Pi_m^{NI*} < \Pi_m^{IN*} - \Pi_m^{NN*}$，其中，$c_1 = \dfrac{4\gamma(1-\delta) - \sqrt{(4\gamma-1)[4\gamma(1-\delta)-1](1-\delta)}}{4\gamma(2-\delta)-1}$，

$c_2 = \dfrac{4\gamma(1-\delta) + \sqrt{(4\gamma-1)[4\gamma(1-\delta)-1](1-\delta)}}{4\gamma(2-\delta)-1}$。

　　由定理 6.3（ⅰ）和（ⅱ）可知，无论市场中有几种产品，制

造商创新均会使制造商品牌产品批发价格降低，零售商销售制造商品牌产品的边际收益也增加。然而，存在产品市场竞争时，创新带来的批发价格减幅是否大于无竞争的情况，取决于制造商的单位生产成本和创新努力水平相关系数。当制造商单位生产成本低于一定阈值时，产品竞争会导致批发价格减幅更大。

市场中仅有制造商品牌产品时，创新使得零售商降低零售价格，从而需求增加。但是，若零售商引入新品，两种产品的市场总需求与创新决策无关，这是因为零售商品牌产品的零售价格仅与产品的单位制造成本和产品的质量水平相关。定理6.3（ⅳ）表明，对于制造商而言，虽然无论市场中是否存在零售商品牌产品，创新均可以提高利润水平。然而，当存在产品竞争时，创新所带来的利润增幅不一定低于市场无竞争的情况。产品单位生产成本位于一定区间时，自有品牌对制造商品牌冲击较大，创新带来的利润增幅低于市场中仅有制造商品牌的情形。

由引理6.3和引理6.4，可得定理6.4。定理6.4给出了制造商创新时，零售商引入自有品牌带来的影响。

定理6.4 （ⅰ）当 $c \leqslant 1/(4\gamma)$ 时，$x^{II*} \geqslant x^{IN*}$，$q_n^{II*} \geqslant q_n^{IN*}$；（ⅱ）当 $\delta < \dfrac{1}{2}$，$\gamma < \dfrac{1}{2}$ 且 $c \geqslant \dfrac{8\gamma^2(1-\delta) - 2\gamma(2-\delta) + 1}{2\gamma}$ 时，$w^{II*} \geqslant w^{IN*}$，$p_n^{II*} \geqslant p_n^{IN*}$，$p_n^{II*} - w^{II*} \leqslant p_n^{IN*} - w^{IN*}$；（ⅲ）当 $c \leqslant 1 - (1-\delta)(4\gamma - 1)$ 时，$w^{II*} - c + x^{II*} \geqslant w^{IN*} - c + x^{IN*}$。

证明：（ⅰ）$x^{II*} \geqslant x^{IN*}$ 等价于 $\dfrac{1-\delta-c}{4\gamma(1-\delta) - 1} \geqslant \dfrac{1-c}{4\gamma - 1}$，因此，$c \leqslant 1/(4\gamma)$ 时，$x^{II*} \geqslant x^{IN*}$。类似地，可以得到其他结论。

由定理6.4（ⅰ）可知，当上游企业单位生产成本低于一定阈值时，引入自有品牌产品会使得创新投入加大以增加产品竞争力，制造商品牌产品市场销量随之增加。这是因为，市场中存在竞争时，批发价格减幅更大，因此，需要投入更多的创新以维持一定的边际收益。

由定理 6.4（ii）可知，制造商创新时，零售商引入自有品牌产品并不一定会使得制造商品牌产品价格降低，零售商销售该产品的边际收益也存在降低的可能性，这与定理 6.1 的结论有所不同。主要原因在于当创新努力水平相关系数较低时，无论市场中有几种产品，制造商均会以低于原单位生产成本的批发价格销售产品；此时，若制造商品牌的单位生产成本较高，引入高质量的自有品牌产品使得上游企业的创新动机减弱，批发价格反而会提高。由于批发价格的变动幅度高于零售价格的变动幅度，零售商销售上游企业产品所获得的边际收益降低。最后，在批发价格和创新投入的共同作用下，若单位生产成本足够低，则制造商的边际收益会随着自有品牌产品的引入而增加。

由引理 6.3、引理 6.4，可得定理 6.5。

定理 6.5　当 $c \leqslant \dfrac{1 - \sqrt{(4\gamma - 1)\left[4\gamma(1 - \delta) - 1\right]}}{4\gamma}$ 时，$\pi_m^{II*} \geqslant \pi_m^{IN*}$。

证明：把引理 6.3 中均衡解 w^{IN*}、x^{IN*}、q_n^{IN*} 分别代入式（6-5）和式（6-6），可得制造商和零售商的均衡利润函数 $\pi_m^{IN*} = \dfrac{(1 - c)^2 \gamma}{2(4\gamma - 1)}$，$\pi_r^{IN*} = \dfrac{(1 - c)^2 \gamma^2}{(4\gamma - 1)^2}$；类似地，可以得到零售商引入自有品牌时，制造商和零售商的均衡利润，$\pi_m^{II*} = \dfrac{B^2 \gamma}{2A}$，$\pi_r^{II*} = \dfrac{A^2 \delta + 4B^2 \gamma^2 (1 - \delta)}{4A^2}$。比较 π_m^{IN*} 和 π_m^{II*}，可得，$\pi_m^{II*} \geqslant \pi_m^{IN*}$ 的范围。

由定理 6.5 可知，若制造商创新，当产品单位生产成本低于一定阈值时，制造商利润会因为零售商引入自有品牌而增加。这是因为，制造商创新时其边际收益和销售量均可能会随着自有品牌的引入而增加。

分别对不同情况下参与人的均衡利润函数，求关于创新努力水平相关系数的偏导数可知，创新成本较高时，制造商和零售商的均衡利润均降低。求制造商均衡利润关于自有品牌产品质量水平的偏导数，可得，当 $c < 1/(2\gamma) + \delta - 1$ 时，制造商的均衡利润随着自有品牌产品质量水平的提高而提高。

由定理 6.5，可得推论 6.1。

推论 6.1 $\pi_m^{II*} \geqslant \pi_m^{IN*}$ 时，$\pi_r^{II*} \geqslant \pi_r^{IN*}$ 恒成立。

证明：由 $\pi_m^{II*} \geqslant \pi_m^{IN*}$，可得 $B^2 \geqslant \dfrac{(1-c)^2 A}{(4\gamma - 1)}$。

$$\pi_r^{II*} = \frac{\delta}{4} + \frac{B^2 \gamma^2 (1-\delta)}{A^2} \geqslant \frac{\delta}{4} + \frac{\gamma^2 (1-\delta)}{A} \frac{(1-c)^2}{(4\gamma - 1)}$$

$$= \frac{\delta}{4} + \frac{4\gamma - 1}{4\gamma - \dfrac{1}{1-\delta}} \frac{(1-c)^2}{(4\gamma - 1)^2} \gamma^2 > \frac{\delta}{4} + \frac{(1-c)^2}{(4\gamma - 1)^2} \gamma^2 = \frac{\delta}{4} + \pi_r^{IN*}。$$

由推论 6.1 可知，制造商创新时，零售商的引入策略对供应链中两个参与人均可以带来正面影响。

6.4 数 值 分 析

为了更好地分析自有品牌产品质量水平对参与人均衡利润的影响情况，本部分采用数值算例进行分析，以对上述结论进行补充。

参数的取值为：$c = 0.8$，$\gamma = 0.5$。由图 6 - 1 可知，品牌制造商创新
且零售商引入自有品牌产品时，供应链环境中零售商的均衡利润高
于品牌制造商的均衡利润。当自有品牌产品质量水平提升时，产品
的竞争力提升，零售商的利润水平随之增加。当自有品牌产品质量
水平高于一定阈值时，引入自有品牌对品牌制造商产品市场需求的
蚕食效应大，制造商提高批发价格，降低创新投入，以提高自身利
润。因此，为了提高供应链参与人的利润水平，零售商应引入高质
量的自有品牌产品。

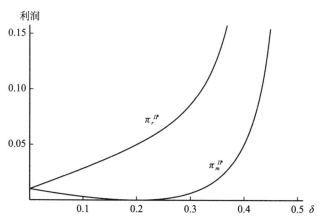

图 6 - 1　II 策略下均衡利润受自有品牌产品质量水平的影响

由于制造商创新时，零售商的均衡利润受自有品牌策略变化情
况的影响较为复杂，因此，采用数值分析的方式进行分析，令 $F =$
$\pi_r^{II*} - \pi_r^{IN*} = \dfrac{\delta}{4} + \dfrac{B^2\gamma^2(1 - \delta)}{A^2} - \dfrac{(1 - c)^2\gamma^2}{(4\gamma - 1)^2}$。

由图 6 - 2 可知，F 随制造商品牌产品单位生产成本呈现先下降
后上升的变化趋势，即当制造商单位生产成本较低或者较高时，零

售商引入自有品牌产品可以使自身利润水平获得大幅度的提升。由引理 6.4 可知，自有品牌的销售利润随着制造商品牌单位生产成本提高而提高，然而，引入自有品牌对制造商品牌销量和边际收益的影响受创新努力水平相关系数和单位生产成本（c）的影响。首先，单位生产成本低于一定阈值时，零售商销售制造商品牌产品的边际收益随着单位生产成本的增加而降低，因此，零售商的利润增值随之降低。此时，若制造商创新努力水平相关系数提高，意味着创新成本提高，制造商创新动机减弱，零售商利润改善程度随之降低。其次，当单位生产成本高于一定阈值时，自有品牌产品更具市场竞争力，此时，虽然制造商品牌产品销量降低，但是，自有品牌产品的销售收入增量可以覆盖制造商品牌的利润损失。若制造商创新努力水平相关系数增加，则制造商品牌产品的市场销售量受自有品牌产品的影响情况更大，因此零售商的利润增幅较低。最后，当单位

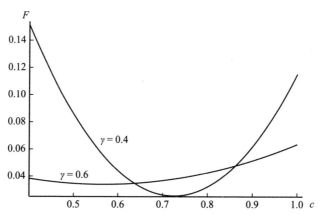

图 6-2 F 受制造商品牌单位生产成本和创新努力水平

相关系数的影响（$\delta = 0.2$）

生产成本位于一定区间时，零售商的利润增幅随着创新努力水平相关系数的增加而增加，这是因为来自零售商品牌产品的影响大于创新的作用。总体而言，零售商引入自有品牌对现有利润水平的改善情况取决于制造商的运营情况。

6.5　自有品牌产品单位生产成本不为零

基本模型中假设零售商自有品牌产品单位生产成本为 0，本部分进一步考虑自有品牌单位生产成本为 c_1（$c_1 > 0$）的情况。为了保证市场中存在消费者购买自有品牌产品，假设 $c_1 < \delta$。分别用下标"$r1$""$m1$"表示零售商和制造商的利润，类似于基本模型的求解过程，可得定理 6.6。

定理 6.6　（ⅰ）$\pi_{r1}^{NI*} \geq \pi_{r1}^{NN*}$；当 $c_1 > \delta - (1-c)(1-\sqrt{1-\delta})$ 时，$\pi_{m1}^{NI*} > \pi_{m1}^{NN*}$；

（ⅱ）当 $c_1 > \delta - (1-c)\left(1 - \dfrac{\sqrt{4\gamma(1-\delta)-1}}{\sqrt{4\gamma-1}}\right)$ 时，$\pi_{m1}^{II*} \geq \pi_{m1}^{IN*}$，$\pi_{r1}^{II*} \geq \pi_{r1}^{IN*}$；

（ⅲ）当 $c_1 \in \left(\delta - (1-c)\left(1 - \dfrac{\sqrt{4\gamma(1-\delta)-1}}{\sqrt{4\gamma-1}}\right),\ \delta - (1-c)(1-\sqrt{1-\delta})\right)$ 时，$\pi_{m1}^{NI*} < \pi_{m1}^{NN*}$，$\pi_{m1}^{II*} \geq \pi_{m1}^{IN*}$。

由定理 6.6（ⅰ）和（ⅱ）可知，自有品牌产品单位生产成本不为零时，即使制造商不创新，零售商的引入策略也会使总需求增加，从而提高上游制造商的利润。由（ⅲ）可知，当自有品牌产品单位生产成本位于一定区间时，零售商引入策略会对上游制造商产生威胁，此时，制造商可以通过创新来增强产品的竞争力，以提高销售利润。

6.6 本章小结

越来越多的零售商选择引入自有品牌产品以丰富消费者的选择，这对制造商品牌产品的销售带来了冲击。过程创新是提高企业竞争力的一种重要手段，面对来自下游零售商直接的产品竞争，制造商如何做出创新决策、零售商又该推出什么样的自有品牌产品以发挥最大价值是供应链研究领域的重要问题。本书在单个零售商和单个制造商构成的供应链环境中，通过分别在制造商进行创新投入、不进行创新投入的情况下建立博弈模型，对比分析零售商引入自有品牌产品前后的均衡决策和利润，以探索纵向企业之间存在产品竞争时，制造商过程创新决策和零售商的自有品牌策略之间的相互作用关系。本章具有重要的管理启示，具体如下：

第一，对于制造商而言，零售商引入自有品牌产品会降低渠道中的双重边际效应，制造商利润受损，且自有品牌质量水平越高，利润受损情况越严重。零售商调整其产品质量水平时，制造商仅通过价格调节的方式很难在竞争中维持原有的利润水平，其产品的单位获利情况和销售量均降低，因此，制造商可以通过过程创新提高产品的市场竞争力。值得注意的是，进行过程创新并非所有制造商抵御来自零售商竞争，提高利润水平的有效手段。过程创新的效果与创新相关成本、产品的原单位生产成本、自有品牌的质量水平有密切的关系，文中给出了过程创新带来利润改善的条件，为制造商做出更合理的创新决策提供了理论依据。

第二，对于零售商而言，制造商投入过程创新不会改变两个产品的市场总需求，其销售利润由自有品牌和制造商品牌两种竞争性产品相互作用、共同决定。虽然，自有品牌的引入可能会削弱创新的溢出效应，但是，由于存在自有品牌产品额外的销售收入，零售商会更加倾向于采用引入策略。而且，若制造商具有生产成本优势，引入高质量的自有品牌产品，对于供应链两个参与人而言均是有利的，消费者也可以获得更优质的产品。

第三，对于整个供应链而言，当制造商品牌产品单位生产成本和创新努力水平系数均较低时，引入自有品牌产品会使得制造商和零售商的利润水平均得到改善，供应链中存在帕累托改进区间，利于供应链的长期发展。

为了验证基本模型的鲁棒性，文中考虑了自有品牌产品单位生产成本不为零的情况，进一步验证了制造商创新时，零售商引入自有品牌会使得供应链成员均受益。

第7章　结论与展望

7.1　主要研究结论

　　企业经营环境是一个开放的系统，企业经营决策受到经济、政治等宏观因素的影响，同时与供应链中的利益相关者的决策密切相关。为了在竞争的环境中获利，企业提供的产品或者服务必须比竞争者更能满足消费者的需求。此外，与单产品决策不同的是，产品多样化程度提高了企业的管理成本和经营不确定性；且产品线上产品之间存在替代性，产品之间的相互作用进一步增加了产品线设计决策的难度。因此，企业的产品线设计决策必须建立在对消费者购买行为进行分析的基础上，且需要充分考虑产品线上产品之间的相互作用关系以及供应链环境中其他利益相关者的决策行为。

　　本书从供应链的角度分析产品线的设计决策问题。首先给出了以顾客为导向的企业产品线设计决策基本框架，并以此为基础综合运用市场营销原理、运营管理理论和博弈论等理论方法，主要通过构建博弈模型在供应链环境中对产品差异化程度、质量、定价、销售渠道以及创新决策进行深入的理论研究，以探讨全球化背景下企业的产品线设计策略。

产品供应链上，不同企业决策之间存在利益的冲突，文章也分析供应链中成员之间相互作用对产品线设计最优策略的影响。文章将市场营销原理和消费者购买行为理论应用于企业生产和运营决策，并考虑参与人之间的交互作用。理论上，从供应链和行为科学视角研究产品线设计，进一步丰富博弈论在经济管理中的应用。实践上，通过对实践问题的抽象分析，对提升供应链竞争能力、给管理者提供管理暗示，具有重要的现实意义。

具体的研究结论如下：

（1）简单的介绍产品线设计的相关概念。从产品制造商的角度出发，给出企业产品线设计决策的基本框架，提出在供应链中分析问题的必要性，并指出在制定决策时中以消费者为导向的重要性。主要从产品线长度、产品定价、产品质量和销售渠道四个方面设计产品线，对影响产品线设计决策的影响因素进行分析。具体地：对产品市场进行分析并选择合适的细分市场，在此基础上，基于消费者购买行为的主观和客观因素，刻画出消费者决策的心理过程；分析产品线扩张可能带来的成本和收益以确定产品差异化程度；研究产品质量受生产成本和现有产品销售情况的影响；并探索影响其他产品线设计的主要决策的主要因素。

（2）企业经营过程中面临多种不确定因素，产品线扩张进一步增加了企业经营风险，考虑供应链中参与人对待风险的态度可以增加企业决策的有效性。本书在单一制造商和单一零售商的供应链中，建立斯坦伯格博弈模型，以分析产品线扩张带来成本和效用的变化情况。通过产品线扩张前后参与人的效用比较，得出产品制造商的产品线扩张区间，并分析该区间受到参与人风险厌恶系数和产品之间替代系数的影响情况。产品的销售渠道同样影响企业的决策，通过比较集中渠道和分散渠道中的均衡解得出，集中型供应链中制造商的产品线扩张动机更强。当企业可以改善产品的质量水平时，企业具有更强的扩张动机；质量相关成本较低时，制造商会放弃低质量产品而只提供盈利水平更高的高质量产品。

（3）随着消费者环境保护意识的增强和可持续发展政策的深入人心，加之，再制造生产成本低但具有新产品类似的功能，再制造产品已经成为产品市场中不可忽视的重要组成部分。是否通过提供再制造产品以扩张产品线是原始设备制造商面临的重要决策问题。再制造产品一方面是一种低成本的市场扩张方式；另一方面，也会对盈利水平更高的新产品产生市场挤兑效应，因此，决策者需要在这两者之间做好权衡。此外，企业决策过程中面临着激烈市场竞争问题，特别地，再制造市场中有第三方再制造商专门从事回收再制造工作。潜在的外部竞争进一步增加了企业产品线设计决策的难度。本书在一个原始设备制造商，一个第三方再制造商和一个零售商构成的供应链中，通过建立博弈模型，分析原始设备制造商的产品生产策略。研究表明，当新产品和再制造产品可替代行强时，为了防止外部再制造产品对新产品的市场挤兑效应，OEM 的产品线扩张动机增强。作为基本模型的补充，文章进一步分析，第三方再制造商不具有回收渠道时，OEM 的产品线扩张决策，分析得出，OEM 控制废旧产品的回收渠道，能够缓解外部竞争带来的负面作用。

（4）为了满足消费者多样性的需求，同时解决多产品生产过程中的成本增加问题，企业生产过程中可以选择采用共同组件策略来完成生产。不同的共同组件策略下，产品之间的替代性和质量水平之间存在差异。不同的产品质量水平意味着市场上产品之间的竞争程度不同。此外，供应链环境中上游零部件供应商的定价策略对产品线的共同组件策略也有重要的影响。本书建立了零部件供应商为领导者，产品制造商为跟随者的博弈模型，通过模型的建立和求解得到供应商的最优零部件定价策略。研究发现，仅销售低质量的零部件会使得高端产品需求降低，最终产品价格竞争激烈，因此，供应商会策略性的决定零部件批发价格以引导制造商采用差异化策略或者高质量共同组件策略。由于市场中存在一些强势的制造商，因此，建立制造商为领导者的博弈模型同样重要，文章对比了不同博弈模型中均衡解，并发现在制造商领先的情况下，低质量共同组件策略能够使得制造商获利，从而使其成为制造商的可行策略之一。

（5）零售企业经营过程中可以引入自有品牌产品，以给客户差异化的选择，提高产品的边际收益，然而，不同的自有品牌策略会影响供应链环境中其他参与人的利润水平。面对来自零售商潜在的竞争，品牌产品制造商进行创新可以降低产品的单位生产成本，提高产品的市场竞争力，从而影响零售商的产品线设计策略。文章在一个零售商和一个制造商构成的供应链中，构建博弈模型以分析零售商的自有品牌策略和制造商的创新决策。研究表明，无论市场中是否有自有品牌产品，制造商创新均可提升自身利润。制造商具有单位生产成本优势时，零售商引入自有品牌产品可以使得创新型制造商利润水平得到改善。文章进一步分析，零售商自有品牌产品单位生产成本对参与人决策影响，分析结论显示，零售商单位生产成本高时，引入自有品牌产品可以同时改善供应链参与人的利益。

7.2　后续研究展望

近年来，研究者们逐步意识到运营管理和市场营销相关问题之间有着密不可分的关系，因此，在传统的运营问题中加入营销理念和决策正成为研究者的关注重点。本书基于供应链的视角，从消费者购买行为出发，分析企业的产品线设计问题。通过博弈模型的建立，分析企业产品线设计决策过程中与供应链上其他利益相关者之间的相互作用关系，并得到了一些具有创新性的研究成果。然而，企业的产品线设计问题复杂，企业经营环境多变，因此，依然存在很多问题值得进一步探索，对未来研究方向进行如下展望：

（1）多样化产品能够满足不同类型消费者的购物需求，然而，企业生产过程中，提高产品多样化程度极大地增加了企业运营成本。本书主要关注产品生产成本对产品线扩张决策的影响，现实生活中，产品线上产品之间的相互作用也进一步增加了企业生产和库存等决策的难度。供应链环境中，有关制造商和零售商的多样性库存成本对产品线设计影响的相关问题还有待进一步深入的探讨。此外，产能是决定企业产品是否能够满足消费者购买需求的重要因素，不确定性运营环境中考虑企业产能约束或者灵活性产能的建立对产品线设计的影响同样也是未来可以深入研究的重要方向。

（2）从零售商的角度分析产品线设计相关决策还比较缺乏，零售商作为更为接近消费者的企业对消费者的购买行为认识比较深入，也更容易影响消费者的购买决策。例如，消费者购买时不仅受到产品价格，质量水平影响，产品销售商的服务水平同样重要；对于销售多个产品的零售商而言，提高服务水平还能够帮助消费者购买到更符合其需求的产品。产品零售商提高销售服务水平需要投入一定的成本，这部分的成本将直接影响到产品的销售价格，和零售商向制造商的订货数量。关于单产品服务水平的决策文献中已有分析，但是多样性产品的服务水平决策有待研究。又如，传统的零售商销售产品时面临有限货架空间的问题，销售多样性产品的过程中，如何处理两者之间的关系也是研究的重点之一。此外，平台经济的背景下，平台运营模式和新的消费者购物行为又会对上游制造商产品线设计带来何种影响。最后，供应链中参与人的权利结构不同，零售商主导情况下产品线扩张带来的利润实现和分配不同，在此背景下制造商会做出何种产品线设计决策需要进一步探索。

（3）产品线扩张通过提供差异化的产品满足客户需求。本书分析了产品线扩张的不同方式，包括横向扩张、纵向扩张、再制造扩张和引入零售商自有品牌扩张，并在不同扩张方式下分析参与人的决策和均衡收益。产品创新，通过对产品性能、质量水平等方面进行改进，是企业推出新产品扩张产品线的重要方式。供应链环境中企业创新会产生溢出效应，使得企业决策更加复杂。产品创新投入量大小影响产品线上产品之间的相互作用；供应链环境中企业的创新决策（包括是否创新、创新投入水平）又受到供应链中参与人不同的主导模式、创新形式和溢出效应的影响。因此，在供应链环境中探讨以创新形式扩张产品线，并制定合适的价格和销售渠道问题是未来研究的重点和难点，能够为企业科学地决策和稳定发展提供指导。

（4）本书对比了集中和分散渠道中产品线长度和定价决策的问题，以分析产品供应链中的网络效应。产品由零部件生产到运送到消费者过程中，涉及供应链上很多利益相关者。分析多样性产品情况下，供应链中的决策主体之间的利益冲突和协调，以及产品多样性程度对协调契约的设计问题需要进一步地完善。引入新产品以扩张产品线时，新产品的质量水平与零部件供应商、横向竞争型企业决策密切相关。不同的创新形式会产生不同的溢出效应，企业之间采用联合创新模式会对产品的最终质量水平产生影响；反之，产品线的定价策略也影响供应链节点企业的创新模式和投入决策。供应链环境中，考虑竞争型企业创新模式及成本分配模式对产品线上产品质量和价格的影响，以及是否能够改善供应链整体利润水平也是未来研究的重要方向。

参 考 文 献

[1] 但斌，丁雪峰. 再制造品最优定价及市场挤兑与市场增长效应分析 [J]. 系统工程理论与实践，2010，30（8）：1371 - 1379.

[2] 丁军飞，陈伟达，王文宾. 制造商竞争环境下考虑研发策略的产品定价和供应链协调 [J]. 软科学，2021，35（10）：114 - 121.

[3] 范小军，陈宏民. 零售商导入自有品牌对渠道竞争的影响研究 [J]. 中国管理科学，2011，19（6）：79 - 87.

[4] 付国群. 消费者行为学 [M]. 武汉：武汉大学出版社，2005.

[5] 巩天啸，王玮，陈丽华，蓝颖杰. 面对策略型消费者的产品创新换代策略 [J]. 管理科学学报，2015，18（9）：1 - 11.

[6] 郭军华，杨丽，李帮义，倪明. 不确定需求下的再制造产品联合定价决策 [J]. 系统工程理论与实践，2013，33（8）：1949 - 1955.

[7] 郭钧，王建国，杜百岗，李益兵. 考虑碳限额的制造/再制造混合系统生产优化决策 [J]. 控制与决策，2021，36（9）：2249 - 2256.

［8］赖雪梅，聂佳佳．考虑企业竞争的产品线延伸策略研究［J］．中国管理科学，2022，30（6）：147－156．

［9］李海，崔南方，徐贤浩．零售商自有品牌与制造商直销渠道的互动博弈问题研究［J］．中国管理科学，2016，24（1）：107－115．

［10］李善良，左敏，朱道立．厂商产品线设计的委托代理分析［J］．中国管理科学，2005，13（1）：118－122．

［11］刘宝全，季建华，张弦．废旧产品再制造环境下的产品定价和再制造方式分配［J］．管理工程学报，2008，22（3）：75－78．

［12］单娟，范小军．零售商形象、品类特征与自有品牌购买意愿［J］．管理评论，2016，28（5）：85－95．

［13］申成然，熊中楷，孟卫军．考虑专利保护的闭环供应链再制造模式［J］．系统管理学报，2015，24（1）：123－129．

［14］沈启超，何波．制造商广告能否遏制零售商引入自有品牌？［J］．管理工程学报，2022，36（2）：138－147．

［15］盛光华，张志远．补贴方式对创新模式选择影响的演化博弈研究［J］．管理科学学报，2015，18（9）：34－45．

［16］宋成峰．企业在社会偏好度下的产品线延伸策略［J］．工业工程，2020，23（4）：97－105．

［17］孙晓华，郑辉．买方势力对工艺创新与产品创新的异质性影响［J］．管理科学学报，2013，16（10）：25－39．

［18］檀哲，缪朝炜，许舒婷，王玉．统一碳税和差异化碳税下的再制造绩效评价［J］．系统工程学报，2021，36（1）：102－119．

[19] 汤卫君，梁樑，扶元广，杨锋．单个垄断厂商多产品质量差别歧视和最优质量定价策略分析 [J]．系统工程理论与实践，2006，26（1）：85 - 90.

[20] 田巍，张子刚，刘宁杰．零售商竞争环境下上游企业创新投入的供应链协调 [J]．系统工程理论与实践，2008，28（1）：64 - 70.

[21] 王春兴，董明．基于库存共享策略的产品线选择及定价问题 [J]．工业工程与管理，2009，14（6）：42 - 46.

[22] 肖利平，董瀛飞．扩张成本、产品线扩展与最优竞争策略——来自中国轿车产业的模型分析与经验考察 [J]．软科学，2016，30（4）：41 - 45.

[23] 肖勇波，吴鹏，王雅兰．基于顾客选择行为的多质量等级时鲜产品定价策略研究 [J]．中国管理科学，2010，18（1）：58 - 65.

[24] 熊榆，张雪斌，熊中楷．合作新产品开发资金及知识投入决策研究 [J]．管理科学学报，2013，16（9）：53 - 63.

[25] 熊中楷，申成然，彭志强．专利保护下再制造闭环供应链协调机制研究 [J]．管理科学学报，2011，15（6）：76 - 85.

[26] 徐峰，盛昭瀚，陈国华．基于异质性消费群体的再制造产品的定价策略研究 [J]．中国管理科学，2008，16（6）：130 - 136.

[27] 许民利，王竟竟，简惠云．专利保护与产出不确定下闭环供应链定价与协调 [J]．管理工程学报，2021，35（3）：119 - 129.

[28] 姚锋敏，闫颖洛，滕春贤．考虑政府补贴及 CSR 投入的

闭环供应链运作协调 ［J］. 系统工程学报，2021，36（6）：817 –
832.

　　［29］易余胤. 具竞争零售商的再制造闭环供应链模型研究
［J］. 管理科学学报，2009，12（6）：45 – 54.

　　［30］赵丹，王宗军，张洪辉. 产品异质性、成本差异与不完
全议价能力企业技术许可 ［J］. 管理科学学报，2012，15（2）：
15 – 27.

　　［31］赵伟光，李凯. 考虑消费者异质偏好的产品线定价策略
识别及其效应分析 ［J］. 管理学报，2019，16（12）：1854 – 1863.

　　［32］周浩，朱卫平. 销售成本、垄断竞争与产品多样性 ［J］.
管理科学学报，2008，11（5）：23 – 32.

　　［33］周艳菊，应仁仁，陈晓，王宗润. 基于前景理论的两产
品报童的订货模型 ［J］. 管理科学学报，2013，16（11）：17 – 29.

　　［34］Agrawal，N.，Cohen，M. A. Optimal material control in an
assembly system with component commonality ［J］. Naval Research Logis-
tics，2001，48（5）：409 – 429.

　　［35］Agrawal，V.，Seshadri，S. Risk intermediation in supply
chains ［J］. IIE Transactions，2000，32（9）：819 – 831.

　　［36］Agrawal，V. V.，Ülkü，S. The role of modular upgradability
as a green design strategy ［J］. Manufacturing & Service Operations Man-
agement，2012，15（5）：650 – 658.

　　［37］Akcay，Y.，Natarajan，H. P.，Xu，S. H. Joint dynamic
pricing of multiple perishable products under consumer choice ［J］. Man-
agement Science，2010，56（8）：1355 – 1361.

[38] Alibeiki, H. , Li, S. L. , Vaidyanathan, . Market dominance or product cost advantage: Retail power impacts on assortment decisions [J]. International Journal of Production Economics, 2020, 222: 107505.

[39] Alptekinoglu, A. , Corbett, C. J. Leadtime-variety tradeoff in product differentiation [J]. Manufacturing & Service Operations Management, 2010, 12 (5): 569 – 582.

[40] Arya, A. , Mittendorf, B. The changing face of distribution channels: partial forward integration and strategic investments [J]. Production & Operations Management, 2013, 22 (5): 1077 – 1088.

[41] Atasu, A. , Sarvary, M. , Van Wassenhove, L. N. Remanufacturing as a marketing strategy [J]. Management Science, 2008, 55 (10): 1731 – 1756.

[42] Aydin, G. , Porteus, E. L. Joint inventory and pricing decisions for an assortment [J]. Operations Research, 2008, 56 (5): 1257 – 1255.

[43] Aydın, G. , Hausman, W. H. The role of slotting fees in the coordination of assortment decisions [J]. Production and Operations Management, 2009, 18 (6): 635 – 652.

[44] Baker, K. R. , Magazine, M. J, Nuttle, H. L. W. The effect of commonality on safety stock in a simple inventory model [J]. Management Science, 1986, 32 (8): 982 – 988.

[45] Bala, R. , Carr, S. Pricing software upgrades: The role of product improvement and user costs [J]. Production and Operations Management, 2009, 18 (5): 560 – 580.

［46］ Bala, R. , Krishnan, V. , Zhu, W. Distributed development and product line decisions ［J］. Production and Operations Management, 2014, 23 (6): 1057 – 1066.

［47］ Belloni, A. , Freund, R. , Selove, M. , Simester, D. Optimizing product line designs: Efficient methods and comparisons ［J］. Management Science, 2008, 55 (9): 1544 – 1552.

［48］ Benjaafar, S. , Kim, J. S. , Vishwanadham, N. On the effect of product variety in production-inventory systems ［J］. Annals of Operations Research, 2005, 126 (1 – 5): 71 – 101.

［49］ Bernstein, F. , Kök, A. G. , Xie, L. The role of component commonality in product assortment decisions ［J］. Manufacturing & Service Operations Management, 2011, 13 (2): 261 – 270.

［50］ Bish, E. K. , Suwandechochai, R. Optimal capacity for substitutable products under operational postponement ［J］. European Journal of Operational Research, 2010, 207 (2): 775 – 783.

［51］ Cachon, G. P. , Terwiesch, C. , Xu, Y. Retail assortment planning in the presence of consumer search ［J］. Manufacturing & Service Operations Management, 2005, 7 (5): 330 – 356.

［52］ Cachon, G. P. Supply chain coordination with contracts ［J］. Handbooks in Operations Research and Management Science, 2003, 11: 227 – 339.

［53］ Chakravarty, A. K. , Balakrishnan, N. Achieving product variety through optimal choice of module variations ［J］. IIE Transactions, 2001, 33 (7): 587 – 598.

[54] Chan, H. L., Choi, T. M., Cai, Y. J., Shen, B. Environmental taxes in newsvendor supply chains: A mean-downside-risk analysis [J]. IEEE Transactions on Systems, Man, and Cybernetics: Systems, 2020, 50 (12): 4856 – 4869.

[55] Chayet, S., Kouvelis, P., Yu, D. Z. Product variety and capacity investments in congested production systems [J]. Manufacturing & Service Operations Management, 2011, 13 (3): 390 – 503.

[56] Chen, L., Gilbert, S., Xia, Y. Product line extensions and technology licensing with a Strategic Supplier [J]. Production and Operations Management, 2016, 25 (6): 1121 – 1146.

[57] Chen, L., Gilbert, S. M., Xia, Y. Private labels: Facilitators or impediments to supply chain coordination [J]. Decision Sciences, 2011, 52 (3): 689 – 720.

[58] Chen, Y., Chen, Y. Strategic outsourcing under technology spillovers [J]. Naval Research Logistics, 2014, 61 (7): 501 – 514.

[59] Chintagunta, P., Bonfrer, A., Song, I. Investigating the effects of store-brand introduction on retailer demand and pricing behavior [J]. Management Science, 2002, 48 (10): 1242 – 1267.

[60] Chiu, C. H., Choi, T. M., Li. X. Supply chain coordination with risk sensitive retailer under target sales rebate [J]. Automatica, 2011, 57 (8): 1617 – 1625.

[61] Choi, S., Fredj, K. Price competition and store competition: Store brands vs. national brand [J]. European Journal of Operational Research, 2013, 225 (1): 110 – 129.

[62] Choi, T. M. , Ma, C. , Shen, B. and Sun Q. Optimal pricing in mass customization supply chains with risk-averse agents and retail competition [J]. Omega: The International Journal of Management Science, 2019, 88: 150 – 161.

[63] Cremer, H. , Thisse, J. F. Location models of horizontal differentiation: a special case of vertical differentiation models [J]. The Journal of Industrial Economics, 1991: 383 – 390.

[64] Cui, Q. , Chiu, C. H. , Dai, X. , Li, Z. F. Store brand introduction in a two-echelon logistics system with a risk-averse retailer [J]. Transportation Research Part E, 2016, 90: 69 – 89.

[65] Dawid, H. , Kopel, M. , Kort, P. M. New product introduction and capacity investment by incumbents: effects of size on strategy [J]. European Journal of Operational Research, 2013, 230 (1): 133 – 152.

[66] Day, J. M. , Venkataramanan, M. A. Profitability in product line pricing and composition with manufacturing commonalities [J]. European Journal of Operational Research, 2006, 175 (3): 1782 – 1797.

[67] Debo, L. G. , Toktay, L. B. , Van Wassenhove, L. N. Market segmentation and product technology selection for remanufacturable products [J]. Management Science, 2005, 51 (8): 1193 – 1205.

[68] De Groote, X. Flexibility and marketing/manufacturing coordination [J]. International Journal of Production Economics, 1995, 36 (2): 153 – 167.

[69] Desai, P. , Kekre, S. , Radhakrishnan, S. Product differ-

entiation and commonality in design: Balancing revenue and cost drivers [J]. Management Science, 2001, 57 (1): 37 – 51.

[70] Desai, P. S. Quality segmentation in spatial markets: When does cannibalization affect product line design? [J]. Marketing Science, 2001, 20 (3): 265 – 283.

[71] Dobson, G. , Kalish, S. Heuristics for pricing and positioning a product-line using conjoint and cost data [J]. Management Science, 1993, 39 (2): 160 – 175.

[72] Dobson, G. , Kalish, S. Positioning and pricing a product line [J]. Marketing Science, 1988, 7 (2): 107 – 125.

[73] Dobson, G. , Yano, C. A. Product line and technology selection with shared manufacturing and engineering design resources [J]. Simon School of Business Working Paper OP, 1995: 95 – 101.

[74] Dogramaci, A. Design of common components considering implications of inventory costs and forecasting [J]. AIIE Transactions, 1979, 11 (2): 129 – 135.

[75] Dong, L. X. , Narasimhan, C. , Zhu, K. J. Product line pricing in a supply chain [J]. Management Science, 2009, 55 (10): 1705 – 1717.

[76] Dong, M. , Yang, D. , Wang, C. X. , Shao, X. F. Product line selection and pricing under modular composition choices and inventory pooling strategy [J]. Proceedings of the Institution of Mechanical Engineers Part B – Journal of Engineering Manufacture, 2011, 225 (4): 587 – 598.

[77] Dos Santos Ferreira, R. , Thisse, J. F. Horizontal and vertical differentiation: The Launhardt model [J]. International Journal of Industrial Organization, 1996, 15 (5): 585 – 506.

[78] Druehl, C. T. , Schmidt, G. M. A strategy for opening a new market and encroaching on the lower end of the existing market [J]. Production and Operations Management, 2008, 17 (1): 55 – 60.

[79] Escobar – Saldívar, L. J. , Smith, N. R. , González – Velarde, J. L. An approach to product variety management in the painted sheet metal industry [J]. Computers & Industrial Engineering, 2008, 54 (3): 474 – 483.

[80] Farahat, A. , Perakis, G. A nonnegative extension of the affine demand function and equilibrium analysis for multi product price competition [J]. Operations Research Letters, 2010, 38 (5): 280 – 286.

[81] Feng, H. , Li, M. , Chen, F. Optimal versioning in two-dimensional information product differentiation under different customer distributions [J]. Computers & Industrial Engineering, 2013, 66 (5): 962 – 975.

[82] Ferguson, M. E. , Toktay, L. B. The effect of competition on recovery strategies [J]. Production and Operations Management, 2006, 15 (3): 351 – 368.

[83] Ferrer, G. , Swaminathan, J. M. Managing new and differentiated remanufactured products [J]. European Journal of Operational Research, 2010, 203 (2): 370 – 379.

[84] Ferrer, G. , Swaminathan, J. M. Managing new and remanu-

factured products [J]. Management Science, 2006, 52 (1): 15 – 26.

[85] Fisher, M. , Ramdas, K. , Ulrich, K. Component sharing in the management of product variety: A study of automotive braking systems [J]. Management Science, 1999, 55 (3): 297 – 315.

[86] Fixson, S. K. Modularity and commonality research: past developments and future opportunities [J]. Concurrent Engineering, 2007, 15 (2): 85 – 111.

[87] Fong, D. K. H. , Fu, H. , Li, Z. L. Efficiency in shortage reduction when using a more expensive common component [J]. Computers & Operations Research, 2004, 31 (1): 123 – 138.

[88] Gaur, V. , Horthon, D. Assortment planning and inventory decisions under a locational choice model [J]. Management Science, 2006, 52 (10): 1528 – 1553.

[89] Ge, Z. , Hu, Q. , Xia, Y. Firms' R&D cooperation behavior in a supply chain [J]. Production & Operations Management, 2014, 23 (4): 599 – 609.

[90] Gerchak, Y. , Magazine, M. J, Gamble, A. B. Component commonality with service level requirements [J]. Management science, 1988, 34 (6): 753 – 760.

[91] Gilbert, S. M. , Cvsa, V. Strategic commitment to price to stimulate downstream innovation in a supply chain [J]. European Journal of Operational Research, 2003, 150 (3): 617 – 639.

[92] Gilbert, S. M. , Xia, Y. , Yu, G. Strategic outsourcing for competing OEMs that face cost reduction opportunities [J]. IIE Transac-

tions, 2006, 38 (11): 903 – 915.

[93] Groznik, A., Heese, H. S. Supply chain interactions due to store-brand introductions: The impact of retail competition [J]. European Journal of Operational Research, 2010, 203 (3): 575 – 582.

[94] Gupta, D., Benjaafar, S. Make-to-order, make-to-stock, or delay product differentiation? A common framework for modeling and analysis [J]. IIE transactions, 2005, 36 (6): 529 – 556.

[95] Gupta, D., Srinivasan, M. M. Note: how does product proliferation affect responsiveness? [J]. Management Science, 1998, 55 (7): 1017 – 1020.

[96] Gupta, S., Krishnan, V. Product family-based assembly sequence design methodology [J]. IIE Transactions, 1998, 30 (10): 933 – 945.

[97] Gupta, S., Loulou, R. Process innovation, production differentiation, and channel structure: Strategic incentives in a duopoly [J]. Marketing Science, 1998, 17 (4), 301 – 316.

[98] Hafezalkotob, A., Makui, A., Sadjadi, S. J. Strategic and tactical design of competing decentralized supply chain networks with risk-averse participants for markets with uncertain demand [J]. Mathematical Problems in Engineering, 2011, (2011): 1 – 27.

[99] Hapuwatte, B. M., Badurdeen, F., Bagh, A., Jawahir, I. S. Optimizing sustainability performance through component commonality for multi-generational products [J]. Resources, Conservation and Recycling, 2022, 180: 105999.

[100] Harhoff, D. Strategic spillovers and incentives for research and development [J]. Management Science, 1996, 42 (6): 907 – 925.

[101] Hächner, J. A note on price and quantity competition in differentiated oligopolies [J]. Journal of Economic Theory, 2000, 93: 233 – 239.

[102] Heese, H. S., Swaminathan, J. M. Product line design with component commonality and cost-reduction effort [J]. Manufacturing & Service Operations Management, 2006, 8 (2): 206 – 219.

[103] Heese, H. S. Competing with channel partners: Supply chain conflict when retailers introduce store brands [J]. Naval Research Logistics, 2010, 57 (5): 441 – 459.

[104] Hillier, M. S. The costs and benefits of commonality in assemble-to-order systems with a (Q, r) – policy for component replenishment [J]. European Journal of Operational Research, 2002, 141 (3): 570 – 586.

[105] Honhon, D., Gaur, V., Seshadri, S. Assortment planning and inventory decisions under stockout-based substitution [J]. Operations Research, 2010, 58 (5): 1365 – 1379.

[106] Hopp, W. J., Xu, X. Product line selection and pricing with modularity in design [J]. Manufacturing & Service Operations Management, 2005, 7 (3): 172 – 187.

[107] Hotelling, H. Stability in competition [M]. Springer New York, 1990.

［108］Hua, Z. S. , Zhang, X. M. , Xu, X. Y. Product design strategies in a manufacturer-retailer distribution channel ［J］. Omega, 2011, 39（1）: 23 - 32.

［109］Inderfurth, K. , Van Der Laan, E. Leadtime effects and policy improvement for stochastic inventory control with remanufacturing ［J］. International Journal of Production Economics, 2001, 71（1）: 381 - 390.

［110］Ingene, C. A. , Parry, M. E. Mathematical Models of Distribution Channels ［M］. Kluwer Academic Publishers. 2005.

［111］Jeong, M. , Kim, B. I. , & Gang, K. W. Competition, product line length, and firm survival: evidence from the us printer industry ［J］. Technology Analysis & Strategic Management, 2017, 29（7）: 762 - 774.

［112］Ji, X. , Li, G. , Sethi, S. P. How social communications affect product line design in the platform economy ［J］. International Journal of Production Research, 2022, 60（2）: 686 - 703.

［113］Ji, X. , Wu, J. , Liang, L. , Zhu, Q. Y. The impacts of public sustainability concerns on length of product line ［J］. European Journal of Operational Research, 2017, 269（1）: 16 - 23.

［114］Jin, Y. , Wu, X. , Hu, Q. Interaction Between Channel Strategy and Store Brand Decisions ［J］. European Journal of Operational Research, 2017, 256（3）: 911 - 923.

［115］Jones, R. , Mendelson, H. Information goods vs. industrial goods: Cost structure and competition ［J］. Management Science, 2011,

57 (1): 164 - 176.

[116] Kadiyali, V. , Vilcassim, N. , Chintagunta, P. K. Product line extensions and competitive market interactions: An empirical analysis [J]. Journal of Econometrics, 1999, 89 (1 - 2): 339 - 363.

[117] Kadiyali, V. , Vilcassim, N. J. , Chintagunta, P. K. Empirical analysis of competitive product line pricing decisions: Lead, follow, or move together? [J]. The Journal of Business, 1996, 69 (5): 559 - 587.

[118] Karray, S. , Martín - Herrán, G. Fighting store brands through the strategic timing of pricing and advertising decisions [J]. European Journal of Operational Research, 2019, 275 (2): 635 - 647.

[119] Kidokoro, Y. Benefit estimation of transport projects-a representative consumer approach [J]. Transportation Research Part B: Methodological, 2006, 50 (7): 521 - 552.

[120] Kim, B. Coordinating an innovation in supply chain management [J]. European Journal of Operational Research, 2000, 123 (3): 568 - 584.

[121] Kim, K. , Chhaje, D. An experimental investigation of valuation change due to commonality in vertical product line extension [J]. Journal of Product Innovation Management, 2001, 18 (5): 219 - 230.

[122] Kim, K. , Chhajed, D. , Liu, Y. Can commonality relieve cannibalization in product line design? [J]. Marketing Science, 2013, 32 (3): 510 - 521.

[123] Kim, K. , Chhajed, D. Commonality in product design:

cost saving, valuation change and cannibalization [J]. European Journal of Operational Research, 2000, 125 (3): 602 – 621.

[124] Kraus, U. G. , Yano, C. A. Product line selection and pricing under a share-of-surplus choice model [J]. European Journal of Operational Research, 2003, 150 (3): 653 – 671.

[125] Krishnan, H. , Kapuscinski, R. , Butz, D. A. Quick response and retailer effort [J]. Management Science, 2010, 56 (6): 962 – 977.

[126] Krishnan, V. , Gupta, S. Appropriateness and impact of platform-based product development [J]. Management Science, 2001, 57 (1): 52 – 68.

[127] Krishnan, V. , Ramachandran, K. Integrated product architecture and pricing for managing sequential innovation [J]. Management Science, 2011, 57 (11): 2050 – 2053.

[128] Krishnan, V. , Ulrich K. T. Product development decisions: A review of the literature [J]. Management Science, 2001, 47 (1): 1 – 21.

[129] Krishnan, V. , Zhu, W. Designing a family of development-intensive products [J]. Management Science, 2006, 52 (6): 813 – 825.

[130] Kuo, C. W. , Yang, S. The role of store brand positioning for appropriating supply chain profit under shelf space allocation [J]. European Journal of Operational Research, 2013, 231 (1): 88 – 97.

[131] Kwong, C. K. , Xia, Y. , Chan, C. Y. , Ip, W. H. Incorporating contracts with retailer into product line extension using stackelberg

game and nested bi-level genetic algorithms [J]. Computers & Industrial Engineering, 2021, 151: 106976.

[132] Labro, E. The cost effects of component commonality: A literature review through a management-accounting lens [J]. Manufacturing & Service Operations Management, 2005, 6 (5): 358 – 367.

[133] Lacourbe, P. , Loch, C. H. , Kavadias, S. Product positioning in a two-dimensional market space [J]. Production and Operations Management, 2009, 18 (3): 315 – 332.

[134] Lacourbe, P. A model of product line design and introduction sequence with reservation utility [J]. European Journal of Operational Research, 2012, 220 (2): 338 – 358.

[135] Lambertini, L, Mantovani, A. Process and product innovation by a multiproduct monopolist: A dynamic approach [J]. International Journal of Industrial Organization, 2009, 27 (4): 508 – 518.

[136] Lancaster, K. The economics of product variety [J]. Marketing Science, 1990, 9 (3): 189 – 206.

[137] Lauga, D. O. , Ofek, E. Product positioning in a two-dimensional vertical differentiation model: The role of quality costs [J]. Marketing Science, 2011, 30 (5): 903 – 923.

[138] Lee, C. W. , Ulferts, G. W. Managing supply chain risks and risk mitigation strategies [J]. North Korean Review, 2011, 7 (2): 35 – 55.

[139] Lee, E. , Staelin, R. Vertical strategic interaction: Implications for channel pricing strategy [J]. Marketing Science, 1997, 16

（3）: 185 – 207.

［140］Lee, H. L. , Tang, C. S. Modelling the costs and benefits of delayed product differentiation ［J］. Management Science, 1997, 53 （1）: 50 – 53.

［141］Lin, P. , Saggi, K. Product differentiation, process R&D, and the nature of market competition ［J］. European Economic Review, 2002, 46 （1）: 201 – 211.

［142］Lin, Y. , Zhou, L. The impacts of product design changes on supply chain risk: A case study ［J］. International Journal of Physical Distribution & Logistics Management, 2011, 51 （2）: 162 – 186.

［143］Liu, Q. , Shum, S. Dynamic pricing competition with strategic customers under vertical product differentiation ［J］. Management Science, 2013, 59 （1）: 84 – 10

［144］Liu, X. J. , Du, G. , Jiao, R. J. , & Xia, Y. Product line design considering competition by bi-level optimization of a Stackelberg – Nash game ［J］. IISE Transactions, 2017, 49 （8）: 768 – 780.

［145］Liu, Y. , Tyagi, R. K. The benefits of competitive upward channel decentralization ［J］. Management Science, 2011, 57 （4）: 741 – 751.

［146］Liu, Y. C. , Cui, T. H. The length of product line in distribution channels ［J］. Marketing Science, 2010, 29 （3）: 575 – 582.

［147］Liu, Y. Z. , Xiao, T. J. Pricing and collection rate decisions and reverse channel choice in a socially responsible supply chain with green consumers ［J］. IEEE Transactions on Engineering Management, 2019, 67 (2): 483 – 495.

[148] Lus, B., Muriel, A. Measuring the impact of increased product substitution on pricing and capacity decisions under linear demand models [J]. Production and Operations Management, 2009, 18 (1): 95 – 113.

[149] Maddah, B., Bish, E. K. Joint pricing, assortment, and inventory decisions for a retailer's product line [J]. Naval Research Logistics, 2007, 54 (3): 315 – 330.

[150] Mai, D. T., Liu, T., Morris, M. D. S., Sun, S. Z. Quality coordination with extended warranty for store-brand products [J]. European Journal of Operational Research, 2017, 256 (2): 524 – 532.

[151] Majumder, P., Groenevelt, H. Competition in remanufacturing [J]. Production and Operations Management, 2001, 10 (2): 125 – 151.

[152] Marsh, J. M. Derived demand elasticities: Marketing margin methods versus an inverse demand model for choice beef [J]. Western Journal of Agricultural Economics, 1991, 16 (2): 382 – 391.

[153] Matsubayashi, N., Ishii, Y., Watanabe, K., Yamada, Y. Full-line or specialization strategy? The negative effect of product variety on product line strategy [J]. European Journal of Operational Research, 2009, 196 (2): 795 – 807.

[154] Matsubayashi, N. Price and quality competition: The effect of differentiation and vertical integration [J]. European Journal of Opera-

tional Research, 2007, 180（2）: 907 - 921.

［155］Mills, D. E. Why Retailers Sell Private Labels［J］. Journal of Economics & Management Strategy, 1995, 4（3）: 509 - 528.

［156］Mishra, B. K. , Prasad, A. , Srinivasan, D. , Elhafsi, M. Pricing and capacity planning for product-line expansion and reduction［J］. International journal of production research, 2017, 55（18）: 5502 - 5519.

［157］Mohebbi, E. , Choobineh, F. The impact of component commonality in an assemble-to-order environment under supply and demand uncertainty［J］. Omega, 2005, 33（6）: 472 - 482.

［158］Moon, I. , Park, K. S. , Jing, H. , & Kim, D. Joint decisions on product line selection, purchasing, and pricing［J］. European Journal of Operational Research, 2017, 262（1）: 207 - 216.

［159］Moorthy, K. S. , Png, I. P. L. Market segmentation, cannibalization, and the timing of product introductions［J］. Management Science, 1992, 38（3）: 355 - 359.

［160］Moorthy, K. S. Market segmentation, self-selection, and product line design［J］. Marketing Science, 1984, 3（4）: 288 - 307.

［161］Moorthy, K. S. Product and price competition in a duopoly［J］. Marketing Science, 1988, 7（2）: 151 - 168.

［162］Morgan, L. O. , Daniels, R. L. , Kouvelis, P. Marketing/manufacturing trade-offs in product line management［J］. IIE Transactions, 2001, 33（11）: 959 - 962.

［163］Mussa, M. , Rosen, S. Monopoly and product quality［J］.

Journal of Economic Theory, 1978, 18 (2): 301 –317.

[164] Narasimhan, C. , Wilcox, R. T. Private Labels and the Channel Relationship: A Cross – Category Analysis [J]. Journal of Business, 1998, 71 (4): 573 –600.

[165] Netessine, S. , Taylor, T. A. Product line design and production technology [J]. Marketing Science, 2007, 26 (1): 101 – 117.

[166] Niu, B. Z. , Chen, L. , Zhang, J. Sustainability analysis of supply chains with fashion products under alternative power structures and loss-averse supplier [J]. Sustainability, 2017, 9 (6): 995 – 1014.

[167] Orhun, A. Y. Optimal product line design when consumers exhibit choice set-dependent preferences [J]. Marketing Science, 2009, 28 (5): 868 –886.

[168] Pan, C. Manufacturer's direct distribution with incumbent retailer's product line choice [J]. Economics Letters, 2019, 174: 136 – 139.

[169] Parlakturk, A. K. The value of product variety when selling to strategic consumers [J]. Manufacturing & Service Operations Management, 2012, 15 (3): 371 –385.

[170] Pauwels, K. , Srinivasan, S. Who benefits from store brand entry? Marketing Science, 2004, 23 (3): 364 –390.

[171] Qian, L. Product price and performance level in one market or two separated markets under various cost structures and functions [J].

International Journal of Production Economics, 2011, 131 (2): 505 – 518.

[172] Quelch, J. A., Kenny, D. Extend profits, not product lines [J]. Harvard Business Review, 1995, 72 (5): 153 – 160.

[173] Rajagopalan, S., Xia, N. Product variety, pricing and differentiation in a supply chain [J]. European Journal of Operational Research, 2012, 217 (1): 85 – 93.

[174] Ramachandran, K., Krishnan, V. Design architecture and introduction timing for rapidly improving industrial products [J]. Manufacturing & Service Operations Management, 2008, 10 (1): 159 – 171.

[175] Ramdas, K., Fisher, M., Ulrich, K. Managing variety for assembled products: Modeling component systems sharing [J]. Manufacturing & Service Operations Management, 2003, 5 (2): 152 – 156.

[176] Ramdas, K., Randall, T. Does component sharing help or hurt reliability? An empirical study in the automotive industry [J]. Management Science, 2008, 55 (5): 922 – 938.

[177] Ramdas, K., Sawhney, M. S. A cross-functional approach to evaluating multiple line extensions for assembled products [J]. Management Science, 2001, 57 (1): 22 – 36.

[178] Ramdas, K. Managing product variety: An integrative review and research directions [J]. Production and Operations Management, 2003, 12 (1): 79 – 101.

[179] Randall, T., Ulrich, K., Reibstein, D. Brand equity and

vertical product line extent [J]. Marketing science, 1998, 17 (5):
356 - 379.

[180] Randall, T., Ulrich, K. Product variety, supply chain structure, and firm performance : Analysis of the U. S. Bicycle Industry [J]. Management Science, 2001, 57 (12): 1588 - 1605.

[181] Reibstein, D. J., Gatignon, H. Optimal product line pricing: the influence of elasticties and cross-elasticities [J]. Journal of Marketing Research, 1985, 21 (3): 259 - 267.

[182] Ren, C. R., Hu, Y., Hu, Y., Hausman, J. Managing product variety and collocation in a competitive environment: An empirical investigation of consumer electronics retailing [J]. Management Science, 2011, 57 (6): 1009 - 1025.

[183] Ru, J., Shi, R., Zhang, J. Does a store brand always hurt the manufacturer of a competing national brand? [J]. Production & Operations Management, 2015, 24 (2): 272 - 286.

[184] Rutenberg, D. P. Design commonality to reduce multi-item inventory: Optimal depth of a product line [J]. Operations Research, 1971, 19 (2): 491 - 509.

[185] Ryzin, G., Mahajan, S. On the relationship between inventory costs and variety benefits in retail assortments [J]. Management Science, 1999, 55 (11): 1596 - 1509.

[186] Savaskan, R, C., Van Wassenhove, L. N. Reverse channel design: The case of competing retailers [J]. Management Science, 2006, 52 (1): 1 - 15.

[187] Savaskan, R. C., Bhattacharya, S., Van Wassenhove, L. N. Closed-loop supply chain models with product remanufacturing [J]. Management Science, 2005, 50 (2): 239 –252.

[188] Schmidt – Mohr, U., Villas – Boas, J. M. Competitive product lines with quality constraints [J]. Quantitative Marketing and Economics, 2008, 6 (1): 1 –16.

[189] Schön, C. On the product line selection problem under attraction choice models of consumer behavior [J]. European Journal of Operational Research, 2010, 206 (1): 260 –264.

[190] Shao, L. L., Yang, J., Min, Z. Subsidy scheme or price discount scheme? Mass adoption of electric vehicles under different market structures [J]. European Journal of Operational Research, 2017, 262 (3): 1181 –1195.

[191] Shen, B., Cao, Y. F., Xu, X. Y. Product line design and quality differentiation for green and non-green products in a supply chain [J]. International Journal of Production Research, 2019, 58 (1): 148 –164.

[192] Shen, B., Wang, X., Cao, Y. F., Li, Q. Y. Financing decisions in supply chains with a capital-constrained manufacturer: Competition and risk [J]. International Transactions in Operational Research, 2020, 27 (5): 2658 –2682.

[193] Shi, H., Liu, Y., Petruzzi, N. C. Consumer heterogeneity, product quality, and distribution channels [J]. Management Science, 2013, 59 (5): 1162 –1176.

[194] Shi, J. , Zhao. Y. Component commonality under no-holdback allocation rules [J]. Operations Research Letters, 2014, 42 (6 – 7): 409 – 413.

[195] Shi, J. M. , Zhang, G. Q. , Sha, J. C. Optimal production planning for a multi-product closed loop system with uncertain demand and return [J]. Computers & Operations Research, 2011, 38 (3): 651 – 650.

[196] Shugan, S. M. , Desiraju, R. Retail product-line pricing strategy when costs and products change [J]. Journal of Retailing, 2001, 77 (1): 17 – 38.

[197] Singh, N. , Vives, X. Price and quantity competition in a differentiated duopoly [J]. Rand Journal of Economics, 1985, 15 (5): 546 – 554.

[198] Song, J. S. , Zhao, Y. The value of component commonality in a dynamic inventory system with lead times [J]. Manufacturing & Service Operations Management, 2009, 11 (3): 493 – 508.

[199] Subramanian, R. , Ferguson, M. E. , Toktay, B. L. Remanufacturing and the component commonality decision [J]. Production and Operations Management, 2013, 22 (1): 36 – 53.

[200] Sun, B. , Xie, J. , Cao, H. H. Product strategy for innovators in markets with network effects [J]. Marketing Science, 2004, 23 (2): 243 – 254.

[201] Swaminathan, J. M. , Tayur, S. R. Managing broader product lines through delayed differentiation using vanilla boxes [J]. Manage-

ment Science, 1998, 44 (12): 161 – 172.

[202] Swaminathan, J. M., Tayur, S. R. Managing design of assembly sequences for product lines that delay product differentiation [J]. IIE Transactions, 1999, 31 (11): 1015 – 1026.

[203] Tang, C. S., Yin, R. The implications of costs, capacity, and competition on product line selection [J]. European Journal of Operational Research, 2010, 200 (2): 539 – 550.

[204] Tang, C. S. Perspectives in supply chain risk management [J]. International Journal of Production Economics, 2006, 103 (2): 551 – 588.

[205] Thomadsen, R. Seeking an expanding competitor: How product line expansion can increase all firms' profits [J]. Journal of Marketing Research, 2012, 59 (3): 359 – 360.

[206] Thonemann, U. W., Bradley, J. R. The effect of product variety on supply-chain performance [J]. European Journal of Operational Research, 2002, 153 (3): 558 – 569.

[207] Thonemann, U. W., Brandeau, M. L. Optimal commonality in component design [J]. Operations Research, 2000, 58 (1): 1 – 19.

[208] Thun, J. H., Drüke, M., Hoenig, D. Managing uncertainty – An empirical analysis of supply chain risk management in small and medium-sized enterprises [J]. International Journal of Production Research, 2011, 59 (18): 5511 – 5525.

[209] Ton, Z., Raman, A. The effect of product variety and inventory levels on retail store sales: A longitudinal study [J]. Production

and Operations Management, 2010, 19 (5): 556 – 560.

[210] Tsay, A. A. , Agrawal, N. Channel dynamics under price and service competition [J]. Manufacturing & Service Operations Management, 2000, 2 (5): 372 – 391.

[211] Tsay, A. A. Risk sensitivity in distribution channel partnerships: Implications for manufacturer return policies [J]. Journal of Retailing, 2002, 78 (2): 157 – 160.

[212] Van Mieghem, J. A. Note – Commonality strategies: Value drivers and equivalence with flexible capacity and inventory substitution [J]. Management Science, 2004, 50 (3): 419 – 424.

[213] Verhoef, P. C. , Pauwels, K. H. , Tuk, M. A. Assessing consequences of component sharing across brands in the vertical product line in the automotive market [J]. Journal of Product Innovation Management, 2012, 29 (5): 559 – 572.

[214] Villas – Boas, J. M. Communication strategies and product line design [J]. Marketing Science, 2005, 23 (3): 305 – 316.

[215] Villas – Boas, J. M. Consumer learning, brand loyalty, and competition [J]. Marketing Science, 2004, 23 (1): 134 – 145.

[216] Villas – Boas, J. M. Product line design for a distribution channel [J]. Marketing Science, 1998, 17 (2): 156 – 169.

[217] Villas – Boas, J. M. Product variety and endogenous pricing with evaluation costs [J]. Management Science, 2009, 55 (8): 1338 – 1356.

[218] Vorasayan, J. , Ryan, S. M. Optimal price and quantity of

refurbished products [J]. Production and Operations Management, 2006, 15 (3): 369 – 383.

[219] Wang, C. X., Webster, S. The loss-averse newsvendor problem [J]. Omega, 2009, 37 (1): 93 – 105.

[220] Wang, J., Shin, H. The impact of contracts and competition on upstream innovation in a supply chain [J]. Production & Operations Management, 2014, 24 (1): 134 – 146.

[221] Wang, R., Wang, J. Procurement strategies with quantity-oriented reference point and loss aversion [J]. Omega, 2018, 80: 1 – 11.

[222] Wei, Y., Choi, T. M. Mean-variance analysis of supply chains under wholesale pricing and profit sharing schemes [J]. European Journal of Operational Research, 2010, 205 (2): 255 – 262.

[223] Wen, D. P., Xiao, T. J., Dastani, M. Channel choice for an independent remanufacturer considering environmentally responsible consumers [J]. International Journal of Production Economics, 2021, 32, 107941.

[224] Wen, D. P., Xiao, T. J., Dastani, M. Pricing strategy and collection rate for a supply chain considering environmental responsibility behaviors and rationality degree [J]. Computers & Industrial Engineering, 2022, 169: 108290.

[225] Whalley, A. E. Optimal R&D investment for a risk-averse entrepreneur [J]. Journal of Economic Dynamics and Control, 2011, 35 (5): 513 – 529.

[226] Williams, N., Kannan, P. K., Azarm, S. Retail channel structure impact on strategic engineering product design [J]. Management Science, 2011, 57 (5): 897 – 915.

[227] Wu, J., Li, J., Wang, S. Y., Cheng, T. C. E. Mean-variance analysis of the newsvendor model with stock out cost [J]. Omega, 2009, 37 (3): 725 – 730.

[228] Xia, Y., Gilbert, S. M. Strategic interactions between channel structure and demand enhancing services [J]. European Journal of Operational Research, 2007, 181 (1): 252 – 265.

[229] Xiao, T., Qi, X. Strategic wholesale pricing in a supply chain with a potential entrant [J]. European Journal of Operational Research, 2010, 202 (2): 444 – 455.

[230] Xiao, T. J., Choi, T. M., Yang, D. Q., Cheng, T. C. E. Service commitment strategy and pricing decisions in retail supply chains with risk-averse players [J]. Service Science, 2012, 5 (3): 236 – 252.

[231] Xiao, T. J., Qi, X. T. Strategic wholesale pricing in a supply chain with a potential entrant [J]. European Journal of Operational Research, 2010, 202 (2): 444 – 455.

[232] Xiao, T. J., Xia, Y., Zhang, G. P. Strategic outsourcing decisions for manufacturers that produce partially substitutable products in a quantity-setting duopoly situation [J]. Decision Sciences, 2007, 38 (1): 81 – 106.

[233] Xiao, T. J., Yang. D. Q. Price and service competition of

supply chains with risk-averse retailers under demand uncertainty [J]. International Journal of Production Economics, 2008, 115 (1): 187 – 200.

[234] Xie, G., Yue, W. Y., Wang, S. Y., Lai. K. K. Quality investment and price decision in a risk-averse supply chain [J]. European Journal of Operational Research, 2011, 215 (2): 503 – 510.

[235] Xiong, H., Chen, Y. J. Product line design with deliberation costs: A two-stage process [J]. Decision Analysis, 2013, 10 (3): 225 – 255.

[236] Xiong, H., Chen, Y. J. Product line design with seller-induced learning [J]. Management Science, 2013, 60 (3): 784 – 795.

[237] Yan, X. M, Zhao, W. H., Yu, Y. G. Optimal product line design with reference price effects [J]. European Journal of Operational Research, 2022, 302 (3): 1045 – 1062.

[238] Yoon, D. H. Supplier encroachment and investment spillovers [J]. Production & Operations Management, 2016, 25 (11): 1839 – 1854.

[239] Yu, D. Z. Product variety and vertical differentiation in a batch production system [J]. International Journal of Production Economics, 2012, 138 (2): 315 – 328.

[240] Zhang, J., Huang, J. Vehicle product-line strategy under government subsidy programs for electric/hybrid vehicles [J]. Transportation Research Part E: Logistics and Transportation Review, 2021, 146: 102221.

［241］ Zhao，J. J. ，Wang，C，X. ，Xu L. Decision for pricing，service， and recycling of closed-loop supply chins considering different re-manufacturing roles and technology authori zations ［J］. Computers & In-dustrial Engineering，2019，132（11）：59 － 73.

［242］ Zhu，K. ，Thonemann，U. W. Coordination of pricing and inventory control across products ［J］. Naval Research Logistics，2009，56（2）：175 － 190.

［243］ Zhuo，W. ，Shao，L. ，Yang，H. Mean-variance analysis of option contracts in a two-echelon supply chain ［J］. European Journal of Operational Research，2018，271（2）：535 － 547.

后　记

行文至此，意味本书的撰写拉下帷幕。本书主要内容来自我的博士毕业论文，是对我读博以来工作的总结和梳理。在南京大学读书期间，我系统地学习了供应链管理和博弈论相关理论知识，并顺利地完成了学业。本书的完成离不开我的老师、同事和家人的支持。

首先，非常感谢南京大学工程管理学院肖条军教授。肖老师严谨的治学态度、求真的学术追求是我的榜样，他的言传身教对我的成长起到了重要的作用。在他的悉心指导下，我完成了博士学位论文，并被评为南京大学优秀博士学位论文。

其次，感谢南京审计大学校级、院级以及系级各位领导和老师的支持。他们帮助我顺利地完成学生到教师的角色转变，并支持我在完成教学任务的同时做好科研工作。同时，感谢国家一流专业物流管理建设团队的成员和其他优秀的同事们，他们积极的工作状态和对科研工作的热情不断地感染和激励着我。正是在这样一种良好的工作氛围中，我才能够以更积极地心态和饱满的热情对博士期间的成果进行了补充和完善。

最后，感谢我的家人，他们对孩子无微不至的关爱，使得我有更多的精力完成此书。特别感谢我的爱人张华，没有他的不断鼓励和督促，就没有本书的顺利问世。

本书得到国家自然科学基金青年项目（项目号：71601098），南京审计大学国家一流本科专业物流管理建设和江苏省一流本科专业物流管理建设项目的资助。本书在写作过程中得到经济科学出版社李雪老师的特别帮助，在此表示感谢！

许甜甜

2022 年 10 月 24 日